働き方改革関連法に対応！

建設現場の
労働時間管理と
就業規則づくり

建設現場向けのひな形と解説文で
翌日から使える就業規則をつくる！

社会保険労務士法人アスミル 代表／特定社会保険労務士

櫻井 好美 *Sakurai Yoshimi*

JN092446

労働調査会

はじめに

　2019年4月より働き方改革関連法が順次施行され、今まで労務管理に関心の低かった建設業においても労働法に目を向けなくてはいけない時期が迫ってきました。労働時間の上限規制については5年の猶予期間が与えられましたが、その他の「年5日の有給休暇の取得義務」、「時間外労働60時間超の割増率の引上げ」等については、他業種と同様の時期に適用されます。

　しかしながら、建設業の現場では未だ雇用と請負があいまいなままです。ほぼ1社専属にも関わらず、一人親方として働いているケースをよくみます。雇用か請負かは、契約書の問題ではなく、どのような働き方をしているのか、その実態で判断されるのです。そして、労働法が罰則をもって適用されるということは、どこまでが労働者でどこまでが請負なのかを明確にする必要があります。労働者の方には労働基準法が適用されるのです。

　今までのように、日給だから残業代はない、時間管理は出面表のみ、有給休暇は元請からお金をもらってないから与えられない、では通用しないのです。1人でも人を雇うということは、経営者であり、労働基準法を守っていかなくてはならないのです。昨今でのインターネットの普及はすさまじいものがあり、経営者は知らなくても、インターネットやスマホを使う若い世代の人たちは、労働法の知識を持っているのです。私もこの仕事をはじめて18年となりますが、他業界では当たり前のように未払い残業代請求で悩まされ、そうした苦い思いをして労務管理を整えてきた会社もあります。建設業界でも、働き方改革で労働法が周知されることで、労使トラブルが続出してくることが予想されます。ゆえに、1日も早く労働環境を整えていく必要があるのです。

　また、建設業には若い人がなかなか入って来ないと言われています。

1

なぜでしょうか？ 土日は休めて有給休暇もとれる会社と、朝も早い、給与がどう上がっていくかもわからない、有給休暇はない、といった会社のどちらを選ぶでしょうか？ 労務管理体制の整っていない会社に人は来ないのです。労務管理体制の整備は働く上での最低限のルールであり、それを明文化した就業規則は、小さい会社だからこそ必要なのです。

この書籍は、はじめて就業規則を作成する会社、もしくは内容はわからずインターネットから就業規則の雛形をダウンロードして使っていたという会社の方に、最低限理解していただきたいことを記載しています。就業規則はわからない、労働法は難しいではなく、経営者であれば知らなくてはいけないことなのです。ぜひ、この機会に労使トラブルを防ぎ、安心して働ける会社のルールづくりをしていきましょう。

そして、これからの日本の雇用環境は大きく変わっていきます。在宅ワークが一般的になり、男性も家庭にいる時間を持ち、女性も同じように働くようになります。今までの正社員という概念がなくなってきます。だからこそ法律の原理原則が大事になってきます。「残業分は賞与で払っているから大丈夫」「今月忙しかったから特別手当をつけておいた」というのは経営者の感覚にしかすぎません。働く側からみれば、時間で契約している以上、残業代や働くルールが明確でないとその会社で働くことに不安を感じます。

以前、弊所に「社会保険に入りたいので手続きの方法を教えてください」という内装業の若い事業主の方がご来所されました。よくよくお話を伺うと、従業員4人未満の個人事業主の方だったので「御社の場合、強制加入ではなく任意適用事業所なので、社会保険に加入しなくても大丈夫ですよ」とご案内をさせていただいたのですが、「若い子が社会保険に入りたいと言っているので、入ります」とおっしゃいました。正直、社会保険料の事業主負担もあり、本当に大丈夫なのか心配をしたのですが、その方の意思は固くお手続きをさせていただきました。その後も「雇用契約書って何ですか？」「新しい人が入りましたがどうしたら

いいですか?」と、何かあるたびに一つひとつご相談に来られていました。一番驚いたのは、私が夜事務所に戻ると、弊所のスタッフから給与計算のやり方をレクチャーされ、必死に電卓で計算をしておられたことです。今では就業規則も整え、助成金がとれるまでになりました。この事業者の方が一つひとつ真剣に労働環境を整える準備をしていったことで、若い人たちが定着する会社になったのだと思います。

　他にも弊所の建設業のお客様には、最初から労働環境が整備されている会社はほとんどありません。しかし、大きくなっていく経営者の共通点は「人を大切にする」という気持ちのある方です。従業員がすぐ辞めてしまう、新しい人が来ない等、悩みはたくさんあります。そのような中で、まずは社会保険の加入からしてみようとか、週休2日にチャレンジしてみたいとか、有給休暇をスタートしたい等、段階はそれぞれですが、みなさん一つひとつ積み上げをしていった会社です。企業には成長のステップがあると思います。その段階にあったものに変えていくことで、会社は変わっていきます。たかが就業規則と思われるかもしれませんが、従業員のみなさんにとっては、今まで社長がルールだった会社に、客観性が持ち込まれることでの安心感が生まれるのです。

　これからの時代は、経営がますます難しい時代になっていくと思います。その中で会社を成長させていくためには、経営者が労働環境を整えていくことが重要です。労務管理のしっかりしている会社は間違いなく業績も伸びていきます。

　一見遠回りのようですが、就業規則の作成を機会に社内体制を見直し、安心して働ける職場づくりにチャレンジしてください。建設業は私たちの生活に必ず必要な業界です。この大切な業界を魅力あるものにしていくためにも、まずは最初の一歩を踏み出していただければ幸いです。

　2020年8月

特定社会保険労務士　櫻井　好美

目 次

第3部　労働時間管理について

第4部　保険に関すること

第5部　巻末資料

第1部
就業規則についての基礎知識

第1章　就業規則の基本

1. なぜ就業規則が必要なのか？

　就業規則は、会社で働くときの労働条件やその会社のルールを定めたものです。パート、アルバイトといった雇用形態であっても、従業員を1名でも雇っていれば、そこに雇用関係は成立し、そして労働法は適用されるのです。最近では労使トラブルも増え、その原因は経営者が労働法を理解していないことから起こります。また、ルールが明確でないと求人を出すこともできません。人を雇う以上、人数規模にかかわらず就業規則を定めておくことが望ましいのです。

■ 働くということ

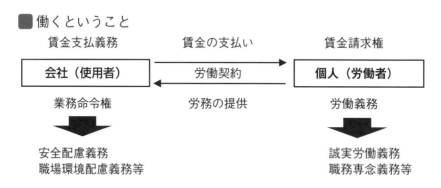

●労　働　法（労働基準法、労働安全衛生法、男女雇用機会均等法等）
●就業規則（会社のルールブック、労働条件・服務を定めたもの）

　図表でみると、使用者と労働者はあくまで対等です。しかしながら、一般的には、使用者より労働者の立場が弱いものです。そのため、この両者の関係が一方的にならないように定められているルールが、労働基準法、労働安全衛生法等の労働に関する法律になり、それをより具体的に会社のルールとしたものが就業規則になります。

■ 規定の優先順位

> 労働契約　＜　就業規則　＜　労働協約　＜　法令

（例）たとえば、就業規則では試用期間は3か月とうたっているにもかかわらず、労働契約では1年としているということは、労働者の方にとっては不利益なことになるため、たとえ経営者と労働者間とで合意があったとしても認められません。

2. 建設業の問題点

❶ 「雇用」と「請負」の問題

　建設業に労働法がなじまないのには、業界特有の重層下請構造、「元請・下請の関係」があります。建設現場では一人親方で働く人が多く、この方たちは事業主であるために、労働法、もちろん就業規則の適用にはなりません。ただ、この一人親方が本当にきちんとした請負契約の元に仕事をしているかというと非常に曖昧で、実際には企業からの指示で現場に従事していたり、日給制のように1日あたりの単価で報酬を受け取るといった偽装請負を疑われるようなケースが多いのが実態です。請負といいながら、1つの会社に専属であったり、そこの会社で時間拘束をされているということになれば、請負ではなく、実態としては労働者となる可能性があります。

　一人親方が決して悪いわけではありませんが、労災の特別加入をし、確定申告をしているから一人親方という判断ではなく、実際にどのような働き方をしているかで判断していきます。建設業の場合、まずは「雇用」か「請負」かを、再度判断していただくことが非常に重要になります。ポイントは、雇用 → 労働者、請負 → 事業主ということです。

■一人親方チェック

	YES	NO
・仕事先から仕事の就業時間（始業・終業）時間を決められている	□	□
・仕事先から意に沿わない仕事を頼まれたら自分の判断で断れない	□	□
・日々の仕事の進め方等具体的な指示をされている	□	□

上記は一部の例ですが、YES にチェックがつくと労働者性が高いと判断されます。
（参考　国土交通省　みんなで進める一人親方の保険加入）

　最近の傾向として、社会保険未加入問題の時の社会保険加入逃れ、また今回の働き方改革の労働法逃れのために一人親方化が進んでいく傾向があります。これに対して国土交通省も適正な就労や社会保険加入促進を目的として、リーフレット作成をし、普及活動が行われています。

❷　日給制の問題

　建設業の現場作業員においては、他の業界と違い「日給制」が多いのも現実です。

　「1 日仕事をすれば○○○円もらえる」といった考えであるため、時間単位という概念がありません。出勤簿も、未だ出面表に○をつけるだけの管理が多くされています。そのため、どこからどこまでが本来の労働時間なのか？　日給は何時間働いた分に対しての日給なのかが明確になっておらず、残業代を支払っていないという会社が数多く見受けられます。また、日給は働いた分だけ支払うため、有給休暇の制度が整っていないケースがほとんどです。

3. 就業規則の基礎知識

❶　就業規則とは？

　就業規則とは、会社で働く際のルールを定めたものです。そして就業規則の中に記載されていることは労働条件と服務規律です。1 つ目の労働条件とは、労働時間、賃金、定年、休暇等に関すること、もう 1 つの服務規律は、従業員に守ってほしいこと、会社独自のルールに関することです。

　従業員が増えてくると捉え方はさまざまです。社長は同じように話しているつもりでも、受け手によって捉え方が違ったりします。また明文化した規定がないと、事務処理が煩雑になったり、労働者にも不信感を与えることになりかねません。そのため、小さい会社ほど就業規則の存在が大切になってきます。

就業規則

「労働条件」　＋　「服務規律（働くルール）」

❷　就業規則の作成義務

　就業規則は会社単位ではなく、事業所単位で作成をします。そして1つの事業所で従業員が常時10人以上いる場合は必ず作成をし、管轄の労働基準監督署に届出をしなくてはなりません。

　たとえば、○○建設株式会社に東京営業所10人、大阪営業所10人在籍するのであれば、東京、大阪の2つの営業所で、それぞれの所在地を管轄する労働基準監督署へ届出をしなくてはなりません。従業員10人以上とは、正社員の人数だけではなく、週2日等であっても常に勤務しているパートタイマーやアルバイトであればカウントされます。また、10人未満の事業所であっても、労使トラブルを避けるため、また従業員の定着のためにも就業規則を作成し、届出をしておきましょう。

　新入社員が入るたびに、「給与は？」「休日は？」等、その都度人によって働くルールが違うのでは会社に対して不信感しかありません。小さな会社ほどルールを決めることで安心感が生まれます。

　会社は労働者を雇い入れるときに、労働者と使用者の間でどのような条件で仕事をするのか？　どういった仕事の内容なのか？　という労働条件を決めます。その際、労働契約書を交わしますが、詳細な賃金体系、解雇の基準、服務規律といった日常のルール等は労働契約書には書ききれません。そのため、労働契約書の締結とあわせて、就業規則を交付し、会社を理解してもらうことが、会社にとっても労働者にとっても有効です。

■就業規則の作成・届出が必要なケース

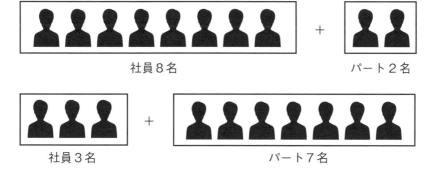

社員 8 名　　　＋　　　パート 2 名

社員 3 名　　　＋　　　パート 7 名

　上記はいずれの場合も、届出義務があります。

❸　就業規則作成の手順

　就業規則は、原則会社が自由に作成していただいてかまいません。法律を下回ることなく、公序良俗に反することがなければ、従業員の方々の同意は必要ありません。就業規則を提出の際に「従業員代表者の意見書」を添付しますが、たとえこの意見書に反対意見が書かれていたとしても就業規則の効力に影響はありません。意見を聞くという事実が必要になります。

■就業規則の作成・変更、届出の流れ

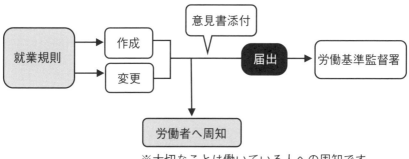

※大切なことは働いている人への周知です。

　しかしながら、すでに決まっている待遇を低下させる就業規則は「不利益変更」として、原則、会社が勝手に変更することは許されません。ただ、経済環境が変わり、会社のスタイルも時間の経過とともに変わっていくと、どうしても規定の変更をしなくてはいけない時期があります。このときに、その必要性、不利益の程度、相当性を検討して合理的なものとし、従業員代表とよく話し合う必要があります。

　そして就業規則が効力を発揮するために重要なことは、従業員に対しての「周知」です。いくら素晴らしい規則を作成したとしても、それが従業員の方に伝わっていなければ、意味はありません。周知をすることが大切です。事業所内でいつでも見られるようにしておきましょう。

【周知方法】

・事業所の見やすい場所に掲示（○休憩室等　×社長室、金庫の中）

・ネットワークへアクセスで閲覧OK

・書面でなくてもOK

❹　就業規則へ記載しなくてはいけないこと

　就業規則には、必ず記載しなくていけない事項（絶対的必要記載事項）と、もし会社で決まっているのであれば記載しなくてはいけない事項（相対的必要記載事項）の2つがあります。

絶対的必要記載事項	相対的必要記載事項
①労働時間に関すること 　・始業および終業の時刻、休憩時間、休日、休暇 　・交代制の業務の場合は、就業時転換に関する事項 ②賃金に関すること 　・賃金の決定方法 　・賃金の計算および支払いの方法 　・賃金の締切日および支払いの時期 　・昇給に関すること ③退職に関すること 　・解雇の事由に関すること	①退職手当に関すること 　退職金は義務ではありませんが、退職金を支払うのであれば、誰に払うのか？　支払い時期や計算方法、支払いの方法の記載が必要です。 ②臨時の賃金（賞与）、最低賃金に関する事項 　賞与も義務ではありません。賞与を支払うのであれば、その取決めについて記載が必要です。 ③食費、作業用品などの負担に関する事項 　労働者に食費、作業用品その他を負担させる場合は、その事項について ④安全衛生に関する事項 　安全衛生に関する規定をする場合、その事項について ⑤職業訓練に関する事項 　職業訓練に関する規定をする場合、その事項について ⑥災害補償、業務外の傷病扶助に関する事項 　災害補償および業務外の傷病扶助に関する事項について ⑦表彰、制裁に関する事項 　表彰の種類、制裁の種類について ⑧その他全労働者に適用される事項 　事業所の労働者すべてに適用されるルールについて

❺　就業規則運用のために

　就業規則を作成しても、実際に運用する社長や管理職の方が内容を理解していなければ意味がありません。私は、就業規則の作成のお手伝いをした会社では、必ず従業員の方に向けて就業規則の説明会を実施させていただいています。従業員の方からは「やっとうちの会社にも就業規則ができて安心した」という声が聞こえる一方で、「結局は社長の言うことで決まるんでしょ」と否定的な意見が出る場合もあります。従業員の方が安心して働くためには、経営者が規則を理解して運用することが大切です。トラブルが起こった時だけ就業規則を確認し、会社側が有利に使おうとしても、形骸化された就業規則では効力を発揮させようとしても難しいのです。

第2部

就業規則をつくる

第1章　総則

第1条（目的）

　この就業規則（以下「規則」という。）は、従業員の労働条件、服務規律その他の就業に関する事項を定めることにより、企業の円滑な運営と企業秩序の維持確立を目的とするものである。

第2条（規則の遵守）

　会社は、この規則に定める労働条件により、従業員に就業させる義務を負う。また、従業員は、この規則を遵守しなければならない。

第3条（適用範囲）

　この規則の適用対象となる従業員とは、この規則に定める採用に関する手続きを経て、期間の定めなく正社員の呼称で採用された者をいう。

2.　次の非正規社員の呼称で採用された従業員については、この規則は適用しない。労働条件については個別の労働契約により決定する。

①　契約従業員

②　パートタイマー

③　アルバイト

④　定年後嘱託者

⑤　その他の特殊雇用形態者

　総則には、就業規則の目的や従業員の定義など、就業規則全体に関係した事柄を定めます。

　適用範囲は、この就業規則が全社員に適用するのか？　それとも正社員だけに適用するのか？　適用の範囲をしっかり定める必要があります。たとえば、会社としては正社員には退職金を支給する予定でいるが、契約社員にはその予定がなかったとしても、この規則の対象者がわからなければ、この規則はこの会社で働く従業員すべての者に適用すると考えられてもおかしくありません。まずは、会社としてどのような雇用形態があるのか？　そしてそれぞれの雇用形態の違いは何かを明確にする必要があります。

　よく就業規則の雛形を見ると「この規則に定めた事項のほか、就業に関する事項については、労基法その他法令の定めによる」という一文があります。一見よさそうに見えますが、その他法令の中には、通達や労基法以外の法令に拘束されることになりますので、記載はしない方がいいでしょう。

第2章　人事

第4条（採　　用）

　　使用者は就職を希望する者の中より、選考試験に合格し所定の手続きを経た者を従業員として採用する。

2. 従業員は採用されるにあたって、次の各号の書類を提出しなければならない。ただし、選考試験にあたってすでに使用者へ提出してある書類についてはこの限りでない。

① 履歴書（提出前3か月以内の写真貼付）

② 住民票記載事項証明書の写し（内容は使用者指定）

③ 健康診断書（3か月以内のもので内容は使用者指定）

④ 源泉徴収票（暦年内に前職のある者）

⑤ 年金手帳、雇用保険被保険者証（所持者）

⑥ 身元保証書

⑦ 誓約書

⑧ 必要により、運転免許証、資格証明書、学業成績証明書、卒業証明書の原本提示と写し

⑨ その他使用者が必要と認めたもの

3. 在職中に上記提出書類の記載事項で氏名、現住所、家族の状況、身元保証人等に異動があった場合は、速やかに所定の様式により使用者に届け出なければならない。

4. 本条によって従業員から提出された個人情報について、使用者は人事労務管理上の必要においてのみ使用し、その他の目的で使用しない。

1.　採用時の書類

❶　身元保証書は必要か？

　身元保証書とは、自分の「身元」を身元保証人という第三者に「保証」してもらう書類です。身元保証人とは、企業に何か損害を与えてしまったときの賠償責任の保証と、本人の身元保証の 2 つの役割があります。実際には、損害賠償にいたるようなケースは稀ですが、身元保証をとるということで、本人の仕事に対する緊張感が生まれるのと、何か起こったときのリスク対策として、身元保証書を提出してもらうことが望ましいです。また、令和 2 年 4 月 1 日から民法が改正され、身元保証をつけるときには、保証上限額を定めた身元保証契約書でなくてはなりません。

　➡⇨ 巻末資料　様式 3　身元保証書

❷　健康診断書は必要か？

　弊所の顧問先で実際にあったことです。現場に到着すると、「胸が痛い」といって突然倒れ、そのまま救急車で運ばれるということがありました。後日、話を聞いてみると、元々、心臓の疾患があり、定期的に飲まなくてはいけない薬をこの日は飲むのを忘れていたということがわかりました。会社が事前に健康状態を確認した際には、本人の「良好です」という言葉のまま入社を決めてしまったのでした。今回は持病が原因であったため、労災ということにはなりませんでしたが、もし、持病をもっておらず突然倒れたとしたならば、会社は本人の健康状態を確認せず働かせていたということになり、あとから使用者責任を問われることになりかねません。しっかり働ける状態なのかを確認するのも会社として重要なことです。

第 2 部　就業規則をつくる

　事業主は、従業員を雇い入れた場合に健康診断を実施する義務があります が、採用日以前 3 か月以内に受診した健康診断書を提出した場合は、雇入れ時の健康診断を省略することができます。

　そのため、健康診断書は 3 か月以内のものを提出してもらいましょう。

【雇入れ時の健康診断の検査項目】

1．既往歴および業務歴の調査
2．自覚症状および他覚症状の有無の検査
3．身長、体重、腹囲、視力および聴力の検査
4．胸部エックス線検査
5．血圧の測定
6．貧血検査（血色素量および赤血球数）
7．肝機能検査（GOT、GPT、γ-GTP）
8．血中脂質検査
　（LDL コレステロール、HDL コレステロール、血清トリグリセライド）
9．血糖検査
10．尿検査（尿中の糖および蛋白の有無の検査）
11．心電図検査

❸　誓約書は必要か？

　誓約書は法定書類ではありません。しかし、労働者が特に遵守しなければいけないことを改めて書面にすることで、確認・認識の徹底をはかる意味合いで提出してもらうことが望ましいです。複写式かコピーして労働者にも渡しましょう。会社が労働者に守ってもらいたい事柄を最初に明確にしておくことで、後々のトラブルを防止したり、労務管理がしやすくなります。さらに、退職後に会社の秘密事項を漏洩させないことを約束することも目的の一つです。就業規則を遵守することや、業務上

知り得た内容の秘密保持をすること等を誓約書を使って将来に向かって
誓約する内容になっています。

　　➡️⇨ 巻末資料　様式4　入社誓約書

❹　運転免許証の確認

　建設業の場合、会社までの出勤や現場までの移動に車を使うことがあ
るため、運転免許証のコピーは提出をしてもらってください。また、免
許証に関しては定期的に確認をすることが必要です。たとえば4月1日
を基準日とし、免許証のコピー、自賠責保険の保険証のコピー等を提出
してもらってください。また、マイカー通勤の場合は、マイカー通勤の
申請書を提出してもらうことが望ましいです。

　　➡️⇨ 巻末資料　様式5　マイカー通勤申請書

2.　利用目的の明示

　採用時の提出書類は個人情報です。個人情報の管理は個人情報保護法
が定められているため、就業規則にはどのような目的でその書類が必要
なのかを明記する必要があります。

第6条（試用期間）
　　新たに採用した者については採用の日から3か月の試用期間を設
　ける。ただし、本人との協議により、試用期間を延長することがあ
　る。
2.　試用期間中の者が私傷病等の理由で欠勤し、本採用の可否を決定
　することが適当でないと判断された場合は、試用期間を延長するこ
　とがある。
3.　本採用の可否は、試用期間中の勤務態度、健康状態、発揮された
　能力等を総合的に勘案し、原則として試用期間満了日までに決定し

通知する。

4.　次の各号の一に該当し、試用期間中もしく試用期間満了時に本採
　用することが不適当と認められた者については、本採用を拒否し、
　第 38 条の手続きに従って解雇する。ただし、採用後 14 暦日を経過
　していない場合は、解雇予告手当の支払いは行わずに解雇する。

①　遅刻、早退、欠勤が複数回あり、出勤状況が不良の場合

②　上司の指示に従わない、同僚との協調性が乏しい、誠実に勤務
　する姿勢が乏しい等の勤務態度が不良の場合

③　必要な教育を施したものの使用者が求める能力に足りず、改善
　の見込みが薄い場合

④　経歴を偽っていた場合

⑤　反社会的勢力もしくはそれに準ずる団体や個人と関係があるこ
　とが判明した場合

⑥　督促しても必要書類を提出しない場合

⑦　健康状態が思わしくなく、今後の業務に耐えられないと認めら
　れる場合

⑧　使用者の事業に従業員として採用することがふさわしくないと
　認められる場合

⑨　第 32 条 2）の諭旨退職、懲戒解雇もしくは第 38 条の普通解雇
　に該当する場合

⑩　その他、前各号に準ずる場合

5.　試用期間は勤続年数に通算する。

3. 試用期間

❶ 試用期間はどんな期間？

　試用期間とは、採用した従業員がこの仕事に向いているのか？　能力をもっているのか？　勤怠はしっかりしているのか？　等、これから長く働いていけるのかを見極めるための期間です。試用期間の長さに関する定めは労基法上ありませんが、試用期間が長いことは、労働者の地位を不安定にすることからあまり好ましいこととはされず、一般的には3か月から6か月とすることが多いようです。

　試用期間の延長についても、根拠もなく使用者の都合で勝手にすることはできません。ただ、2か月くらい過ぎてくると使用者も「ちょっと大丈夫かな？」と感じることがあるかと思います。その際には試用期間の延長ができるよう、就業規則にも試用期間の延長に関する記載をしておきましょう。

❷ 試用期間中の解雇

　「試用期間中はその人物の能力等を見極める期間だから、あわなければ解雇すればいいよね」とおっしゃる経営者の方がいます。試用期間であっても一度採用をした以上、労働契約は成立するため、簡単に解雇することはできません。労働契約を解消するためには、「客観的・合理的で社会通念上相当であるという理由」が必要になりますので、就業規則には、本採用の取り消し事由というのを記載しておくことが望ましいです。また、よく「能力がないからやめてもらう」といったお話をされる方がいますが、会社には従業員を教育、指導する義務がありますので、能力不足を理由に辞めてもらうことは難しいです。そのため、最初の見極めが非常に重要になってきます。試用期間はその人の人物や能力を従

業員としてふさわしいかどうかを評価して本採用を決める期間であり、『解約権留保付労働契約』といって、通常の時よりは、解雇が認められやすい期間となっています。

　また、手続きとして最初の 14 日間であれば即時に解雇することができますが、試用期間中の者も 14 日を超えて雇用した後に解雇する場合は、原則として 30 日以上前に予告しなければなりません。予告しない場合には、平均賃金の 30 日分以上の解雇予告手当を支払うことが必要になります。

❸　有期労働契約の活用

　実務上、試用期間ではなく、有期労働契約（巻末資料　様式 2）の活用もおすすめです。これは労働契約が最初から無期労働契約（一般的には正社員）ではなく、有期労働契約（契約社員）として契約することです。有期労働契約とは字のとおり、労働契約期間を 6 か月とか 1 年とか期間を定めて契約する方法です。契約期間中に、適性を判断し、適性がないとすれば契約期間満了で契約を終了することができ、解雇といったトラブルはなくなります。また、一定の期間で様子を見られない場合は、再度更新をしても構いません。ただ、労働者側にとっては、正社員雇用と契約社員雇用であれば、やはり正社員雇用を望む人が多いため、求人においては不利に働くかもしれません。その際には、契約社員の募集要項に、一定要件を満たした場合には正社員への転換制度もありといった内容を記載しておくと、求人側としては、単に 6 か月等で契約が切られるわけではなく、「頑張れば正社員になれるんだ」という希望を持つことができます。

　ただし、有期契約の際には、有期労働契約書に『契約更新の有無』という欄があり、こちらを「自動更新」にしてしまうと意味がありません。あくまで適性を判断する期間として使うのであれば「更新する場合がありえる」とすることが大事です。そして『契約更新の判断基準』と

いう欄を有効に活用することをおすすめします。ここには、たとえば 6 か月の契約の中で、最低限の知識・技術としてクリアしてもらわないといけないことや、会社として大事にしていることを守れているか等、具体的に記載することにより、働く側も会社側も、どういう社員になってほしいかが明確になり、お互いの目標になるため、労使トラブルを避けるためにも、有期契約を上手に活用することをおすすめします。

第 7 条（人事異動）

　　会社は、業務上必要がある場合に、従業員に対して就業する場所および従事する業務の変更を命ずることがある。

2．会社は、業務上必要がある場合に、従業員を在籍のまま関係会社へ出向させることがある。

3．前 2 項について、従業員は正当な理由なくこれを拒むことはできない。

4．異動を行った場合は、当該従業員と協議の上、労働条件の変更を行うことがある。

4．人事異動

　労働者を採用したあと、会社が業務上の理由から就業場所や業務を変更することは、最初の契約で異動がない等の特別な合意がない限り可能です。ただ、元々転勤を想定していなかった人にとっては「最初と話が違う」ということになりかねません。転居を伴う異動はトラブルも多いため、会社として正社員として働く以上は、場合によっては転居を伴う異動があることを就業規則に記載しておいた方がトラブルを避けることができます。

第3章　労働時間、休憩および休日

第8条（労働時間および休憩時間）

　　所定労働時間は、1日について実働7時間30分とする。

2. 所定労働時間の始業、終業の時刻および休憩時間は以下のとおりとする。

　・始業時刻　　　8時00分

　・終業時刻　　17時00分

　・休憩時間　　10時〜　　　　15分

　　　　　　　　12時〜13時　60分

　　　　　　　　15時〜　　　　15分

3. 業務の状況または季節により、始業時刻、終業時刻、休憩時間を繰上げ、繰下げまたは変更することがある。

1. 労働時間および休憩時間

❶　労働時間とは？

　使用者の指揮命令下にある時間のことをいいます。つまり、会社から指示をされ、業務に従事する時間のことです。

　始業および終業の時刻は就業規則に必ず定めておかなくてはならず、もし勤務形態ごとに違うのであれば、勤務形態ごとの時間を記載する必要があります。

（例）

	工事部門	事務部門
始業	8 時	9 時
終業	17 時	18 時
休憩	昼　60 分 午前午後各 15 分（90 分）	12 時〜13 時（60 分）
所定労働時間	7 時間 30 分	8 時間

❷　法定労働時間と所定労働時間

　法定労働時間とは法律で定めた労働時間で、所定労働時間とは事業所ごとに定めた労働時間をいいます。就業規則は法定の範囲内で自由に定めることができます。法定労働時間とは 1 日 8 時間、1 週 40 時間となっています。

❸　休憩時間のルール

　休憩時間とは「使用者の管理下になく、自由に利用できる時間」のことをいいます。この時間は労働時間にはカウントされません。使用者の指示があった場合に即時に業務に就くことが求められ、労働から離れることが保障されていない状態で待機をしている時間は休憩時間ではなく、労働時間になります。建設業の場合資材の到着を待ったり、前工程を待つような手待ち時間は労働時間になりますので、注意が必要です。

【休憩時間のルール】
・自由に利用できる
・労働時間の途中に与える
・労働時間が 6 時間を超える場合は 45 分以上、8 時間を超える場合は 1 時間以上

・一斉に与える

・分割して与えても OK

第9条（休　　　日）

　　休日は、次のとおりとする。

① 日曜日（法定休日）

② 国民の祝日

③ シフトによる休日

④ その他会社が指定する日

2. 作業工程の変更その他の業務の都合により会社が必要と認める場合は、あらかじめ第1項の休日を他の日と振り替えることがある。

3. 第1項の休日以外の日が、雨天・荒天により正常な施工作業の遂行が困難と会社が判断した場合、当日の午前6時までに従業員に通知の上、その日を休日とし他の日と振り替えることがある。

4. 第1項の規定にかかわらず、1か月単位の変形労働時間制もしくは1年単位の変形労働時間制の労使協定により別段の定めがされた場合は、休日は労使協定の定めるところとする。

5. 会社は、所定外労働をさせたとき、または休日に出勤させた時は、代休を与えることができる。

---

2. 休日

❶　法定休日と所定休日

　法定休日とは法律で定められた休日のことで、使用者は少なくとも毎週1日の休日、または4週間を通じて4日以上の休日を与えなければならないと規定されています。労基法では何曜日を休日とするとか、国民

の休日を休日にするといった規定はありません。あくまで法定休日とは週1回の休日といい、それに対して、所定休日は会社が決めた休日をいいます。

　一方で、原則として1日8時間、1週40時間という労働時間の制限もあります。ということは、1日7時間や8時間という設定の会社の場合、1週間に1日の休日では、週の労働時間が40時間を超えてしまいます。そのため、休日をもう1日、結果的に週休2日にしなくてはいけないことになります。

　今後は、働き方改革関連法により、時間外労働や休日労働にはそれぞれ残業の上限時間が定められることになり、法定休日と所定休日とでは、残業代（時間外労働）の割増率も違ってくるため、法定休日と所定休日をしっかりとわけておくことが必要です。

（例）8時～17時　　休憩1時間　　所定労働時間　1日8時間の場合
　　　所定休日　土曜日　法定休日　日曜日

　現状、建設業では土曜日に現場があいているケースが多いため、上記のように、土曜日に出勤していますが、この土曜日はすでに時間外労働となります。

	土曜日	日曜日
休日の扱い	所定休日	法定休日
残業時間	1週間40時間超でカウント	休日時間数でカウント
残業代割増率	25%	35%

　一般社団法人　日本建設業連合会では、週休2日実現に向けて行動計画を打ち出しています。

『週休二日実現行動計画』（要旨）

Ⅰ　行動計画の基本フレーム

> （1）本行動計画が目指す週休二日は、土曜日及び日曜日の閉所とする。
> （2）本行動計画の対象事業所は、本社、支店等や全ての工事現場とする。
> （3）本行動計画の計画期間は、2017〜2021年度の5年間とし、
> 　　　2019年度末までに4週6閉所以上、
> 　　　2021年度末までに4週8閉所の実現を目指す。
> （4）本行動計画の実施状況について、毎年度フォローアップを行う。

Ⅱ　行動計画の基本方針

(1) **週休二日を2021年度までに定着させる**
　　東京オリンピック・パラリンピック後に集中すると予想される高齢者の大量離職と、改正労基法施行後5年で建設業に適用される罰則付き時間外労働の上限規制に適合する。

(2) **建設サービスは週休二日で提供する**
　　建設業自らが「週休二日をベースに建設サービスを提供する」という明確な意識改革をしたうえで、一層の自助努力を行って社会の認識を改める。

(3) **週休二日は、土日閉所を原則とする。**
　　週休二日は業界一丸となって一斉土曜閉所で出発しなければ実現は望めない。技能者の休日確保、社会一般や入職希望者の理解促進のためにも土日を一斉閉所として目に見える形で推進する。

(4) **日給月給の技能者の総収入を減らさない**
　　日建連会員企業は、協力会社組織等を通じて社員化・月給制に取り組む専門工事業者に対して積極的な支援、関与を行うとともに、雇用形態移行までの間は、日給月給制の技能者個々人の年収が維持できるように労務単価を引上げて年収減少分を補填する。

(5) **適正工期の設定を徹底する**
　　生産性の向上など最大限の自助努力を反映した適正な工期を提案するとともに、これらの趣旨等を発注者に対して丁寧に説明し、発注者の理解を得る。

(6) **必要な経費は請負代金に反映させる**
　　週休二日に伴い必要となる費用を請負代金の積算に適切に反映させるとともに、発注者の理解を得られるよう、受注交渉において丁寧に説明する。

(7) **生産性をより一層向上させる**
　　週休二日の取組みによる工期延伸をできる限り抑制するため、会員企業は生産性向上に向けてより一層の企業努力を行うとともに、日建連は「生産性向上推進要綱」（2016.4）に沿って、個々の企業では解決が困難な取組みを積極的に推進する。

(8)　**建設企業が覚悟を決めて一斉に取り組む**

　　　週休二日普及の遅れは、他産業との人材獲得競争にますます後れを取ることとな　り、
ひいては産業の将来に重大な影響を及ぼすことから、すべての日建連会員企業 が覚悟
を決めて一斉に取り組む。

(9)　**企業ごとの行動計画を作り、フォローアップを行う**

　　　会員企業は企業ごとに行動計画（アクションプログラム）を策定し、具体的な行動に
取り組む。

　　　日建連は会員企業の取組み状況をフォローアップし、その結果を公表するとともに、必
要に応じて具体策の強化や追加施策の検討など最大限の努力により目標の達成を図る。

Ⅲ　週休二日の実現に向けた行動

(1)　**請負契約及び下請け契約における取組み**

　　①請負契約における取組み
- 適正な工期の設定
- 必要となる費用の請負代金への反映
- 工事の進捗状況の共有
- 工期ダンピングの排除
- 請負契約書の特記事項

　　②下請契約における取組み
- 適正な工期の設定（後工程の施工期間に配慮）
- 適正な請負代金の設定（休日、夜間労働等の割増賃金を含む）
- 日給月給技能者の減収分の補填
- 再下請負契約に係る指導
- 下請契約書の特記事項

(2)　**優良協力会社への支援**

　　①社員化、月給制への移行支援
　　②下請発注の平準化
　　③支払条件の改善

(3)　**自助努力の徹底**

　　①生産性の向上
　　②建設技能者の労務賃金の改善
　　③重層下請構造の改善
　　④下請取引の適正化
　　⑤建設キャリアアップシステムの普及促進

(4)　**業界の意識改革　　　～統一土曜閉所運動など～**

(5)　**発注者、一般社会の理解促進**

(6)　**国土交通省の「週休二日モデル工事」への対応**

(7)　**「建築工事適正工期算定プログラム」の活用**

(8)　**関係省庁等の取組みへの参画**

　　　　　　　　　　　　　　　　　　　　　　　　　　　　　　　　　以上

【法定休日は決めた方がいい？】

　たとえば、週休 2 日制で土曜日と日曜日が休日の場合、どちらが法定休日になるのでしょうか？　法律上、結果的に 1 週間に 1 日の休日があれば違法とはなりません。そのため、就業規則に法定休日と所定休日の区別を記載していないケースもあります。ただ、一般的には、法定休日が特定されていない場合には、暦週の後に来る休日を法定休日とする見解を出しています。暦週とは日曜日から土曜日を指しますので、土日の週休 2 日制の場合、土曜日が法定休日となります。未払い賃金の労使トラブルになった場合は、法定と所定では割増率も違うため、どちらかを法定休日と定めた方が無用なトラブルを避けることができます。建設業の場合、日曜日に現場がお休みになるケースが一般的だと思いますので、日曜日を法定休日と定めるのがいいかもしれません。

❷　振替休日

　建設業の場合、天候により業務が左右されるため、雨の日が続いてしまったりすると業務を行うことができません。この雨の日で休まざるを得なくなった日は、どのように扱ったらいいのでしょうか？　厚生労働省は屋外労働者の休日について「一般に屋外労働者に対しては休日を規定することは非常に困難を伴うが、雨天の日を休日と規定する如きは差支えないか。」という質問に対して、「屋外労働者についても休日はなるべく一定日に与え、雨天の場合には休日をその日に変更する旨を規定するよう指導されたい。」（昭和 23 年 4 月 26 日基発 651 号）と回答が出ています。つまり、就業規則に雨天の場合はその日を休日とし、他の休日と振り替える旨を記載しておけば振替が可能になります。

第 10 条（1 か月単位の変形労働時間制）
　　所定労働時間は、毎月 1 日を起算日とする 1 か月単位の変形労働
　　時間制による場合があり、この場合、1 か月を平均して 1 週 40 時

間以内の範囲で所定労働日、所定労働日ごとの始業および終業時刻を定める。変形期間内の労働時間については、別途定める年間カレンダーどおりとする。

2.　前項の規定による所定労働日、所定労働日ごとの始業および終業時刻は、変形労働時間制により就労する従業員に対して、勤務割により当該月の前日までに文書またはメールにて通知するものとする。

第 11 条（1 年単位の変形労働時間制）

　　第 8 条の規定にかかわらず、従業員の所定労働時間は、次の各号の事項を定めた労使協定により、1 年（1 か月を超え 1 年以内）を単位とした変形労働時間制を採用する場合がある。

①　対象従業員の範囲

②　対象期間

③　対象期間における労働日とその労働日ごとの労働時間

④　有効期間

⑤　区分できる期間

2.　所定労働時間は、1 年間を平均して 1 週間あたり 40 時間以内とする。

---

3. 変形労働時間

❶　変形労働時間とは？

　所定労働時間は、1 日 8 時間、1 週 40 時間以内であることが原則ですが、特定の日または週にこれよりも所定労働時間を長くする代わり、他の日または週の所定労働時間を短くして、平均して 1 週 40 時間以内に

することもできます。これを変形労働時間制といいます。

　変形労働時間制には、1か月単位の変形労働時間制、1年単位の変形労働時間、フレックスタイム制、1週間単位の非定型的変形労働時間制があります。

❷　1か月単位の変形労働時間制とは？

　1か月単位の変形労働時間制とは、1か月以内の一定の時間を平均して、1週間の労働時間が40時間（特例措置対象事業場は44時間）以下であれば、特定の日や週に、1日および1週間の法定労働時間を上回る所定労働時間を設定することができる制度です。たとえば、月初は比較的余裕があり月末に残業が多くなるような事業場では、月末に所定労働時間を長く設定することによって、効率的に労働時間管理を行うことができます。この制度は、労使協定を締結して、労働基準監督署長へ届け出ることによって導入することができますが、就業規則等に規定しておくだけでも導入できるのが特徴です。

❸　1年単位の変形労働時間制とは？

　1年単位の変形労働時間制とは、1年以内の一定の時間を平均して、1週間の労働時間が40時間以下の範囲内であれば、1日10時間まで、1週間52時間まで働かせることができる制度のことをいいます。制度の導入にあたっては、労使協定を締結して労働基準監督署長に届け出ておくことと、就業規則等に明記しておくことが必要です。季節によって業務に繁閑のある事業場においては、繁忙期には長い労働時間を、閑散期には短い労働時間を設定することにより、年間の総労働時間の短縮を図ることができます。とくに、特定の季節や特定の月などに業務が立て込んでいる会社に適しています。

> 第 13 条（災害等による臨時の必要がある場合の時間外労働等）
> 　　災害その他避けることのできない事由により臨時の必要がある場合は、36 協定の定めによらず、所轄労働基準監督署長の許可を受けまたは事後に遅滞なく届け出ることにより、その必要の限度において時間外労働または休日労働を命ずることができる。

4. 非常時の時間外労働

　時間外労働をする場合には、原則 36 協定（「時間外・休日労働に関する協定届」以下 36 協定という）を締結・届出をしていないと実施することはできませんが、災害、緊急、不可抗力その他客観的に避けることのできない場合は、36 協定の締結・届出がなくても、行政官庁の事前の許可（もしくは事後の承認）を受けて、法定労働時間の制限を解除できる規定です。あくまでやむを得ない場合なので、厳格に運用すべきとされています。また、このような場合でも時間外労働・休日労働や深夜労働についての割増賃金の支払いは必要です。

（許可基準について　令和元年基発 0607 第 1 号）
(1) 単なる業務の繁忙その他これに準ずる経営上の必要は認めないこと。
(2) 地震、津波、風水害、雪害、爆発、火災等の災害への対応（差し迫った恐れがある場合における事前の対応を含む。）、急病への対応その他の人命または公益を保護するための必要は認めること。たとえば、災害その他避けることのできない事由により被害を受けた電気、ガス、水道等のライフラインや安全な道路交通の早期復旧のための対応、大規模なリコール対応は含まれること。
(3) 事業の運営を不可能ならしめるような突発的な機械・設備の故障の

修理、保安やシステム障害の復旧は認めるが、通常予見される部分的な修理、定期的な保安は認めないこと。たとえば、サーバーへの攻撃によるシステムダウンへの対応は含まれること。

(4) 上記（2）および（3）の基準については、他の事業場からの協力要請に応じる場合においても、人命または公益の確保のために協力要請に応じる場合や協力要請に応じないことで事業運営が不可能となる場合には、認めること。

（雪害について　令和元年 6 月 7 日基監発 0607 第 1 号）

　許可基準の（2）に雪害が含まれています。この雪害とは、道路交通の確保等人命または公益を保護するために除雪作業を行う臨時の必要がある場合が該当すること。具体的には、たとえば、安全で円滑な道路交通の確保ができないことにより通常の社会生活の停滞を招くおそれがあり、国や地方公共団体等からの要請やあらかじめ定められた条件を満たした場合に除雪を行うこととした契約等に基づき除雪作業を行う場合や、人命への危険がある場合に住宅等の除雪を行う場合のほか、降雪により交通等の社会生活への重大な影響が予測される状況において、予防的に対応する場合も含まれるものであることとされています。

第 14 条（時間外、休日および深夜勤務）

　使用者は、業務の都合で、従業員に所定労働時間外、深夜（午後 10 時から午前 5 時）および第 9 条に定める休日に勤務させることができる。ただし、法定時間外労働および休日労働については労働基準法第 36 条に基づく協定の範囲内とする。

2.　前項ただし書きの協定の範囲において、従業員は正当な理由なく所定労働時間外および休日の勤務を拒むことができない。

3.　従業員は、業務を所定労働時間内に終了することを原則とするが、仕事の進捗によりやむを得ず時間外労働・休日労働の必要があると

自ら判断した場合は、事前に使用者に申し出て業務命令を受けなければならない。

4. 従業員が使用者の許可なく時間外・休日に出勤するも、労働の事実の確認（黙示も含む）をすることができない場合は、当該勤務に該当する部分の通常賃金および割増賃金は支払わない。

5. 満18歳未満である従業員には法定時間外労働、法定休日労働および深夜労働はさせない。

6. 妊産婦である従業員が請求した場合には、法定時間外労働、法定休日労働および深夜労働はさせない。また、変形労働時間制の適用者が請求した場合は、1週40時間、1日8時間を超えての労働はさせない。

7. 小学校就学の始期に達するまでの子を養育もしくは家族の介護をする者（育児介護休業規程に定める請求権を有する者）から請求があったときは、使用者の事業の正常な運営を妨げる場合を除き、その者に対する法定時間外労働は法に定めるところによる。

5.　時間外労働

❶　時間外労働について

　労働基準法では、休憩時間を除いて1日に8時間、1週間に40時間（法定労働時間）を超えて労働させてはいけないということになっています。従業員に時間外労働や休日労働を実施するには、36（サブロク）協定の締結と届出が必要になります。

❷　労働時間の限度と特別条項

　36協定さえ結べば、何時間でも残業をしていいわけではなく、延長

できる時間は法律で決められています。

36協定における時間外労働の原則は1か月45時間、1年で360時間となっています。しかし、一時的、臨時的な場合は「特別条項」といい、この縛りを超えて働くことができます。

これが原則の36協定ですが、下記の業種は限度時間の適用除外業種とされています。

・工作物の建設等の事業
・自動車の運転の業務
・新技術、新商品等の研究開発の業務

つまり、建設業においては法定労働時間を超えて働かせる場合、36協定の締結および届出は必要ですが、1か月45時間、1年で360時間の縛りがないため、特別条項を定めることなく、本来想定される残業時間を記載して届出をすれば大丈夫です。

■36協定の限度時間

期間	一般労働者	1年変形
1週間	15時間	14時間
2週間	27時間	25時間
4週間	43時間	40時間
1か月	45時間	42時間
2か月	81時間	75時間
3か月	120時間	110時間
1年間	360時間	320時間

※1年変形は対象期間が3か月を超える場合

❸ 時間外労働の上限規制について

2019年4月から施行されている働き方改革関連法の中で、時間外労働の上限規制が定められました。従来の36協定では、原則の上限が定められていたものの、特別条項付きの36協定を結んでいれば、現実的

には無制限に近い状態で時間外労働を行わせることが可能でした。今回の改正では、時間外労働の原則、月 45 時間・年 360 時間は変わらず、臨時的な特別な事情がなければこれを超えることができなくなりました。さらに、この臨時的な特別な事情であっても上限が定められることになりました。

　詳細は第 3 部労働時間管理で解説します。

【36 協定とは？】

　正式には、「時間外労働・休日労働に関する協定届」といいます。労働基準法第 36 条により、法定労働時間または法定休日を超えて労働させる場合には、労働者の過半数で組織する労働組合がある場合はその労働組合、労働組合がない場合には労働者の過半数を代表する者との労使協定を締結し、労働基準監督署へ届出をしなくてはなりません。

　36 協定とは、1 か月、1 年間での残業時間の限度時間をきめておくものです。たとえ労働者 1 名であっても法定労働時間または法定休日を超えて労働させるのであれば、締結しなくてはいけません。

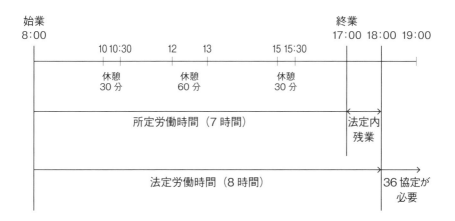

【記入例】

様式第9号の4（第70条関係）

時間外労働　休日労働　に関する協定届

事業の種類	事業の名称	事業の所在地（電話番号）
内装工事業	○○建設株式会社	○○県○○市○○1-2-3（××-123-4567）

	時間外労働をさせる必要のある具体的事由	業務の種類	労働者数（満18歳以上の者）	所定労働時間	延長することができる時間数			期間
					1日	1か月（毎月1日）	1年（4月1日）（起算日）	1日を超える一定の期間（起算日）
① 下記②に該当しない労働者	工期ひっ迫への対応	現場作業	8人	7時間30分	4時間	80時間	800時間	令和○年4月1日
② 1年単位の変形労働時間制により労働する労働者								

残業必要性の具体的な理由

例）現場作業　施工管理　等

対象になる人数

会社の1日の労働時間

1日の最大　残業時間

1か月の最大　残業時間

1年の最大　残業時間

有効期間　※毎年更新します

	休日労働をさせる必要のある具体的事由	業務の種類	労働者数（満18歳以上の者）	所定休日	労働させることができる法定休日並びに始業及び終業の時刻	期間
	工期ひっ迫への対応	現場作業	8人	土日	1か月に4日　8時～20時	令和○年4月1日～1年間

会社で決めた休み

残業させることができる法定休日並びに始業及び終業の時刻

協定の成立年月日　令和○年　○月　○日
協定の当事者である労働組合（事業場の労働者の過半数で組織する労働組合）の名称又は労働者の過半数を代表する者の　職名　現場作業員　氏名　○○　△△
協定の当事者（労働者の過半数を代表する者の場合）の選出方法（　投票による選出　）

例）挙手、話し合い、投票　等

使用者　職名　○○建設株式会社　代表取締役　△△　氏名　○○　㊞

令和○年　○月　○日

○○　労働基準監督署長殿

管理監督者はNGです

管轄の労働基準監督署を入れます

第15条（時間外労働手当・休日労働手当・深夜割増賃金）
　　第14条の規定により、所定労働時間を超えた時間外および深夜
または休日に勤務をさせた場合は、時間外労働手当、休日労働手当
および深夜労働割増を支給する。

6. 割増賃金について

　法定労働時間時間を超えて働かせた場合は、割増賃金（残業代）を支
払わなくてはいけません。

第16条（適用除外）
　　労働基準法第41条に該当する以下の者については、本章の定め
る労働時間、休憩および休日に関する規則と異なる取扱いをする。
　①　管理監督の職務にある者
　②　行政官庁の許可を受けた監視または断続的勤務に従事する者
2.　前項第1号に該当する者の労働時間、休憩および休日については、
　その管理を本人が自主的に行うものとする。

7. 労働時間の適用除外

　労働基準法第41条第2号に、管理監督者は労働時間、休憩、休日に
関する規定は適用されないということになっています。そのため、管理
監督署には残業代が発生しません。ただし、深夜（22時〜5時）は労働
時間の適用除外の項目には入っていませんので、深夜の割増は発生する
ことになります。

【管理監督者はどんな人？】

　「課長以上が管理監督者ですか？」と聞かれることがあります。管理監督者とは名称の問題ではなく、下記のような要件の方をいいます。

・経営者と一体的な立場の人
・地位にふさわしい給与や待遇が与えられている人
・部下の管理や人事権が与えられている人
・給与は、責任の遂行によって与えられているため、時間的な拘束をされていない人

　というような方です。そのため、始業時間に来ないからといって、遅刻の控除をされるようなことはありません。

第 4 章　休暇

第 17 条（年次有給休暇）

　　雇入れ日から 6 か月間継続勤務し、所定労働日の 8 割以上出勤した従業員に対しては、10 日の年次有給休暇を与える。その後 1 年間継続勤務するごとに、当該 1 年間において所定労働日の 8 割以上出勤した従業員に対しては、下の表のとおり勤続期間に応じた日数の年次有給休暇を与える。

継続勤務年数	6 か月	1 年6 か月	2 年6 か月	3 年6 か月	4 年6 か月	5 年6 か月	6 年6 か月以上
付与日数	10 日	11 日	12 日	14 日	16 日	18 日	20 日

2.　第 1 項の年次有給休暇は、従業員があらかじめ請求する時季に取得させる。ただし、従業員が請求した時季に年次有給休暇を取得させることが事業の正常な運営を妨げる場合は、他の時季に取得させることがある。

3.　従業員の過半数を代表する者との書面協定により、各従業員の有する年次有給休暇のうち 5 日を超える日数について、予め時季を指定して与えることがある。

4.　第 1 項の出勤率の算定にあたっては、下記の期間については出勤したものとして取り扱う。

　①　年次有給休暇を取得した期間

　②　産前産後の休業期間

　③　育児・介護休業法に基づく育児休業および介護休業した期間

　④　業務上の負傷または疾病により療養のために休業した期間

5. 年次有給休暇は、特別の理由がない限り少なくとも2労働日前までに、所定の手続きにより届けなければならない。ただし、使用者は事業の正常な運営に支障があるときは、指定した日を変更することがある。

6. 無断および無届欠勤に対する年次有給休暇の振替は原則認めない。

7. 年次有給休暇は次年度に限り繰り越すことができる。

8. 年次有給休暇に対しては、所定労働時間労働した場合に支払われる通常の賃金もしくは平均賃金を支払う。

9. 使用者は労働基準法第39条第7項、同条第8項にもとづいて、従業員に対して、時季を指定して有給休暇を付与することがある。

10. 使用者が労働基準法第39条第7項、同条第8項により時季を指定して有給休暇を付与する場合は、事前に対象となる従業員の意見を聴くものとするが、使用者と従業員の有給休暇の希望時季が異なっていたとしても、使用者が時季を指定して有給休暇を付与することがある。

1. 年次有給休暇

❶　有給休暇とは？

　年次有給休暇とは、業種、業態にかかわらず、また、正社員、パートタイマー等の区別なく、一定の要件を満たした場合に与えなくてはいけない、会社から賃金が支払われる休暇のことです。

❷　年次有給休暇が付与される要件

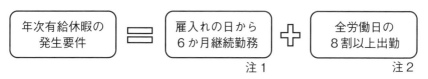

注1　パートから社員、社員から嘱託社員等になったとしても勤務年数は通
　　算されます。
注2　出勤率は下記のように計算します。

$$出勤率 \ = \ \frac{出勤した日}{全労働日（所定労働日）}$$

出勤したとみなす日	労働日に含めない日
産前産後休暇 育児休暇 介護休暇 年次有給休暇取得日 労災の休業日	会社側の都合による休業 台風などの天災によるやむを得ない 休業 正当な争議行為による休業 休日労働

❸　有給休暇の付与日数

原則となる付与日数

　使用者は労働者が雇入れの日から6か月間勤務し、その6か月間の全
労働日の8割以上を出勤した場合には、原則として10日の年次有給休
暇を与えなければなりません。

　　　　　　　　　　　※対象労働者には管理監督者や有期雇用労働者も含まれます。

継続勤務年数	6か月	1年 6か月	2年 6か月	3年 6か月	4年 6か月	5年 6か月	6年 6か月以上
付与日数	10日	11日	12日	14日	16日	18日	20日

パートタイム労働者など、所定労働日数が少ない労働者に対する付与日数

　パートタイム労働者など、所定労働日数が少ない労働者については、年次有給休暇の日数は所定労働日数に応じて比例付与されます。

　比例付与の対象となるのは、所定労働時間が週30時間未満で、かつ、1年間の所定労働日数が216日以下の労働者です。

週所定労働日数	1年間の所定労働日数		継続勤務年数						
			6か月	1年6か月	2年6か月	3年6か月	4年6か月	5年6か月	6年6か月以上
4日	169日〜216日	付与日数	7日	8日	9日	10日	12日	13日	15日
3日	121日〜168日		5日	6日	6日	8日	9日	10日	11日
2日	73日〜120日		3日	4日	4日	5日	6日	6日	7日
1日	48日〜72日		1日	2日	2日	2日	3日	3日	3日

❹　有給休暇の取得について

　年次有給休暇は、労働者が請求する時季に与えることとされています。しかしながら、会社には「時季変更権」があります。これは、労働者から年次有給休暇を請求された時季に、その休暇を与えることが事業の正常な運営を妨げる場合には、他の時季に変更を依頼することができるという権利です。ただし、一般的に忙しいという理由ではなく、同一期間に複数の労働者が休暇を希望していて、事業の運営が困難になる等の理由が必要です。

❺　有給休暇の賃金

有給休暇の賃金は法律で下記のいずれかで支払うことが決まっています。

①所定労働時間労働した場合に支払われる通常の賃金

②平均賃金

③健康保険法による標準報酬日額に相当する金額（労使協定が必要）

通常、月給者であれば給与を控除しないということになるため、①の所定労働時間労働した場合に支払われる通常の賃金ということになります。しかし、労働日によって労働時間が違うパートタイマーの方は、所定労働時間を確定することが難しいため、②の平均賃金を使うことも考えられます。3つの計算方法のいずれかを選択するかは、就業規則等で明確に規定することとなっています。

❻　年次有給休暇の時効は2年

年次有給休暇の時効は2年であり、前年度に取得できなかった有給休暇は翌年度に繰り越すことができます。

❼　不利益な取扱いの禁止

使用者は、年次有給休暇を取得した労働者に対して、不利益な取扱いをしてはいけません。たとえば、賞与額の算定の際に、年次有給休暇を取得した日を欠勤または欠勤に準じて取り扱ったり、精勤手当を支給しないといったようなことはできません。

❽　半日休暇

年次有給休暇は1日単位で取得することが原則です。ただし、労働者が希望をし、会社が合意した場合であれば、半日単位の休暇の取得も可能です。

❾　時間単位の有給休暇

　労使協定を締結することで時間単位の有給休暇を導入することができます。労使協定は労使の一方でも拒否すれば締結されませんので、時間単位の年次有給休暇制度を導入する場合は、労使協定で内容を決める必要があります。

【時間単位の有給休暇導入のルール】

・時間単位で取得できるのは最大5日まで
　（例）1日の所定労働時間が8時間の会社の場合、
　　　　8時間×5日＝40時間
　　　　40時間まで時間単位の取得が可能
・時間単位の最小は1時間単位
　（例）最小が1時間単位のため、労使協定で2時間や3時間と決めることも可能

❿　計画的付与

　有給休暇の計画的付与とは、有給休暇の5日を超える部分に関して、会社と労働者代表との協定を結び、計画的に取得日を決めることができる制度です。

　　　➡⇨ 巻末資料　様式10　有給休暇計画的付与の労使協定

■計画的付与制度の活用

1. 導入のメリット

使用者　労務管理がしやすく計画的な業務運営ができます。

労働者　ためらいを感じずに、年次有給休暇を取得できます。

2. 日数（付与日数から 5 日を除いた残りの日数を計画的付与の対象にできます）

例）年次有給休暇の付与日数が 11 日の労働者

6 日	5 日
労使協定で計画的に付与できる	労働者が自由に取得できる

3. 方式（企業や事業場の実態に応じた方法で活用しましょう）

（1）企業や事業場全体の休業による一斉付与方式

全労働者に対して同一の日に年次有給休暇を付与する方式

（たとえば製造業など、操業をストップさせて全労働者を休ませることができる事業場などで活用されています。）

（2）班・グループ別の交替制付与方式

班・グループ別に交替で年次有給休暇を付与する方式

（たとえば、流通・サービス業など、定休日を増やすことが難しい企業・事業場などで活用されています。）

（3）年次有給休暇付与計画表による個人別付与方式

年次有給休暇の計画的付与制度は、個人別にも導入することができます。夏季、年末年始、ゴールデンウィークのほか、誕生日や結婚記念日など労働者の個人的な記念日を優先的に充てるケースがあります。

⓫　年 5 日の取得義務

　2019 年 4 月 1 日から施行された働き方改革関連法の中で、「年 5 日の有給休暇取得義務」がスタートしました。これは、年 10 日以上の有給

休暇が付与される者に対して、会社はそのうち 5 日について、時季を指定してでも取得させなくてはいけないという制度です。労働基準法の第 39 条に追加された内容で、最低 5 日は従業員に有給休暇を取得させなければ労働基準法違反となり、実施できない場合は 30 万円以下の罰金が課せられる可能性があります。全員が有給休暇を取得する会社であればいいのですが、なかなか有給休暇の消化ができていない、また有給休暇をとらせていなかったというような場合には、年 5 日取得を推進するためにも、計画的付与の導入が有効です。

⓬　有給休暇の買取り

　年次有給休暇の買取りはできません。「業務が忙しく、有給休暇を取得できないから有給休暇を買取りしていいですか？」という質問をよく受けます。有給休暇本来の目的は、リフレッシュして、次の日からいい仕事をしていただくためのお休みであるため、原則、買取りはできません。ただし、買取りが認められるケースがあります。たとえば、有給休暇は法定で付与日数が決まっていますが、会社によっては法定を上回るような休暇を付与しているケースがあります。この場合、法定分の買取りはできませんが、法定を上回る分の有給休暇を買い取ることはできます。また、有給休暇の時効は 2 年と説明をしましたが、時効を過ぎれば当然消滅してしまうため、時効で権利が消滅してしまう有給休暇については買取りが可能です。退職時に消化できなかった有給休暇も退職日で権利は消滅してしまうため、同様に考えます。しかしながら有給休暇の買取りは義務でもありませんし、買取りが推奨されているわけでもありません。そのため買取金額も決まってはいません。有給休暇は、労働者の疲労回復、生産性向上のためのお休みです。その目的を忘れずきちんと消化していただくことを優先させてください。

⓭　有給休暇の管理

　使用者は、労働者ごとに年次有給休暇の管理簿を作成し、3 年間保存しなくてはいけないことになっています。有給管理について、未だ残日数だけの管理をしている会社を見受けられますが、労働者ごとに、時季、日数、基準日を明らかにした書類を作成する必要があります。また有給休暇には時効もあるため、単年度ごとの管理をしていかないと、どの分が消化されていくのがわからなくなってしまいます。

　➡️⇨ 巻末資料　様式 9　有給管理簿

第 18 条（その他の休業等）

　　従業員は、個別の法律の定めるところにより、産前産後休暇、母性健康管理のための休暇等、生理休暇、育児時間、育児休業・看護休暇、介護休暇、介護休業、公民権行使（裁判員制度を含む）の時間を利用することができる。

2.　本条の休暇等により休んだ期間については、原則として無給とする。

2.　休日と休暇の違い

休日…労働義務のない日、原則として週 1 日もしくは 4 週 4 日（法定休日）

休暇…労働義務がある日に、労働を免除された日　（例）有給休暇等

3. その他の法定休暇

　年次有給休暇の他に会社が認めなくてはいけない法定休暇がありま
す。これは法律として定められているため、本人が申し出をした場合、
会社は断ったり不利益に扱うことはできません。ただし、働いていない
ため、この期間を無給にするのか有給にするかは会社が決めることがで
きます。

❶　産前産後休業

　出産予定日の 6 週間前（多胎妊娠の場合は 14 週間）と出産の翌日か
ら 8 週間のことを産前産後休業といいます。
　産前産後休業も法定で定める休業であるため、請求があれば取得させ
なくてはならず、ただし、給与に関しては無給でも問題ありません。会
社としては無給ですが、協会けんぽ加入者の場合「出産手当金」が対象
となり、休業中の所得補償を受けることができます。

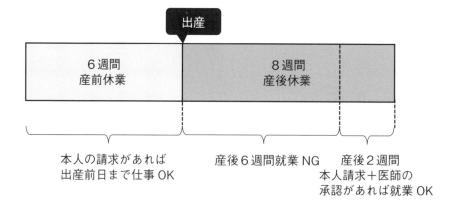

❷　育児休業

　育児休業とは、原則として 1 歳に満たない子を養育する従業員が対象です。保育所に入れない場合は延長することも可能です。

❸　介護休業

　要介護状態にある家族を介護する従業員が対象です。1 対象家族につき、通算 93 日間取得することができます。
　今後日本は少子高齢化が加速されます。介護離職がないよう、法律で決まっている休業を案内し、安心して働ける職場にしていきましょう。

■対象家族の範囲

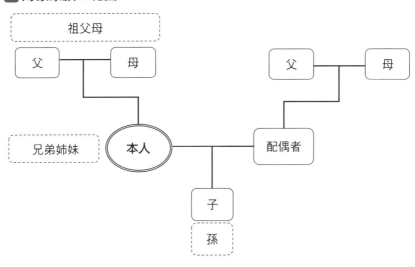

❹　子の看護休暇

　小学校就学前の子を養育する従業員が対象です。1 年度において 5 日（その養育する小学校就学の始期に達するまでの子が 2 人以上の場合に

あっては、10 日）を限度して、取得できます。年度とは、特に定めが
ないときは 4/1～翌年 3/31 となります。

❺　介護休暇

　要介護状態にある対象家族の介護や世話をする労働者は、事業主に申
し出ることにより、1 年度において 5 日（その介護、世話をする対象家
族が 2 人以上の場合にあっては、10 日）を限度として、介護休暇を取
得することができます。

❻　生理休暇

　労働基準法第 68 条に「使用者は生理日の就業が著しく困難な女性が
休暇を請求したときは、その者を生理日に就業させてはならない」とう
たっています。女性が「生理痛がひどく休ませてほしい」といった時
は、使用者は断ることはできません。

❼　公民権の行使

　選挙に行ったり、裁判員制度の裁判員としてもしくは候補者として裁
判所へ出頭することは公の職務にあたるため、労働基準法第 7 条の公民
権の行使として、その労働時間を免除しなければならないことになって
います。有給か無給については各社の判断に任されています。

第 19 条（特別休暇）

従業員が申請した場合は、次のとおり慶弔休暇を与える。

	事項	休暇日数
1	本人が結婚したとき	5 日
2	妻が出産したとき	3 日
3	配偶者、子または父母が死亡したとき	5 日
4	兄弟姉妹、祖父母、配偶者の父母または兄弟姉妹が死亡したとき	3 日

2.　本条に定める労働日の特別休暇は有給とする。

3.　本条の規定は、状況に応じ、見直しもしくは廃止することがある。

4.　特別休暇

　特別休暇とは、法律上特に付与しなければならないものではありません。そのため有給にするか、無給にするかは会社が定めることができます。ただ、働く人にとっては特別休暇制度が整っていることは「働きやすい会社」の判断基準にもなります。特別休暇を導入する場合には、特別休暇の種類、特別休暇の日数、休暇取得のための手続き間等を詳細に定めておく必要があります。経営者がよかれと思って都度決めていても、人によって日数が違ったりすれば従業員からは不満の声があがります。せっかく会社が定めた休暇を有効に使ってもらうためにも、しっかりとしたルールを決めることが大切です。

【特別休暇の種類】

・慶弔休暇

・リフレッシュ休暇（勤続年数の節目に付与する休暇）

・教育訓練休暇（自己啓発として教育を受講するための休暇）

・ボランティア休暇（災害地へのボランティアに行くための休暇）

・アニバーサリー休暇（誕生日、配偶者誕生日等に付与）

　等

第 20 条（会社都合による休業）

　　経営上または業務上の必要があるときは、会社は従業員に対し休業（以下「会社都合による休業」という。）を命ずることができる。会社都合による休業を命じられた者は、勤務時間中、自宅に待機し、会社が出社を求めた場合は直ちにこれに応じられる態勢をとらなければならず、正当な理由なくこれを拒否することはできない。

2.　会社都合による休業の期間は、原則として、労働基準法第 26 条による休業手当を支払う。

5.　会社都合による休業

　労働基準法第 26 条において「使用者の責に帰すべき事由による休業の場合においては、使用者は、休業期間中、当該労働者に、その平均賃金の 100 分の 60 以上の手当を支払わなければならない。」となっています。

　では、台風等で現場がお休みになったときも賃金を保証しなくてはいけないのでしょうか？　台風、地震等の自然災害は不可抗力とみなされ、使用者の責めとはならない場合が多く、その場合、労働基準法による休業手当の支払いの必要はありません。

第5章　服務規律

1. 服務規律とは？

　服務規律とは、会社で働くときに守っておいてほしいルールのことです。よく「こんなこと常識だろう」という経営者の方がいらっしゃいます。経営者の方にとって常識であっても、世代の違う人たちが入れば、その常識は通用しないのです。中小企業にとって、1人の秩序を乱す従業員がいると、他の従業員も巻き込まれ業務に支障をきたす場合もあります。そのため、日常の業務を思い浮かべながら、「こういうことはやってほしくないな」「こんな風に対応してほしいよな」と思うことを記載していくのがポイントです。できる限り広範囲、日常的なこと、当たり前のことを一度文章にしてみましょう。そして、ここで細かいことを記載しておくことで、第30条から懲戒の項目につながります。服務規律を守らない従業員は懲戒の対象になりますので、より具体的に記載しておくことが大切です。

第21条（遅刻、早退、欠勤等）

　　従業員が、遅刻、早退もしくは欠勤をし、または勤務時間中に私用で事業場から外出するときは、事前に申し出て許可を受けなければならない。ただし、やむを得ない理由で事前に申し出ることができなかった場合は、事後速やかに届け出なければならない。

2. 前項の場合は、原則として不就労分に対応する賃金は控除する。

3. 無断欠勤をした場合、第17条による年次有給休暇への振替は認め

ない。ただし、本人からの請求に基づき、会社が承認した場合はこの限りではない。

第22条（出退勤）

　従業員は、始業、終業、休憩の時刻を遵守し、会社の定める方法によって、本人が直接出勤および退勤の時刻を記録しなければならない。

2. やむを得ない事由により出退勤時刻の記録ができない場合は所定用紙による自己申告制とし、入退時刻を正確に記録するとともに当該所定用紙を毎週末に上長へ提出し承認を得なければならない。

---

2. 出退勤について

❶　労働時間の考え方

　労使トラブルのご相談で多いのが、未払い残業代に関することです。使用者、労働者共に言い分はありますが、こうしたトラブルのご相談の会社の多くは、時間管理をきちんとしていないというところに原因があります。使用者は働いている時間に対して賃金を支払う義務があり、そして従業員は決められた時間は一生懸命仕事をしなくてはいけないという義務を負います。そのため、やむを得ない理由を除き、遅刻、早退、欠勤等は当然許されるべきものではありませんし、本来の時間に出勤ができないのであれば、ノーワーク・ノーペイの原則どおり、不就労分は控除しなくてはなりません。昨日30分遅刻をしたからといって、今日30分延長して働けばいいというルールはありません。時間管理の乱れは、会社の規律の乱れの一歩です。1人の例外を作ることは、他の従業員の不満になります。客観的に管理できるものは、メリハリをつけた管

理をしていきましょう。

❷　出退勤管理

　出退勤の管理方法は各社それぞれです。最近ではクラウド型の時間管理を行っている会社もありますが、もちろんタイムカードでも構いませんし、社内で、エクセル等で管理をしていても問題ありません。現場へ直行直帰であれば、一緒にいる職長が時間管理をしても構いません。要は、始業と終業の時刻を記録することです。出面表に○をつけるだけでは時間管理とはいいません。時間管理は日々行います。

第 23 条（医師の診断）

　　使用者は、従業員が私傷病を理由に欠勤する場合に医師の診断書の提出を求めることができる。なお、この診断書の費用は従業員の負担とする。

---

3. 医師の診断

　常習的に欠勤する従業員がいる場合は、医師の診断書を求めることを記載しておくことが有効です。本当に病気なのであれば、現在の業務にそのまま就かせていいのかを検討する必要がありますし、単に休み癖のある方については、この規定が有効に働きます。

第 24 条（服務規律）

　　従業員は、職務上の責任を自覚し、誠実に職務を遂行するとともに、会社の指示命令に従い、職務能率の向上および職場秩序の維持に努めなければならない。

2.　従業員は、以下の事項を守らなければならない。

---

① 常に健康に留意し、明朗はつらつたる態度をもって就業すること。

② 建設事業の現場において定められた労働安全衛生法の規定および現場ごとに指示されている安全衛生上の事項、保護具着用義務を守り、常に安全第一に心がけること。

③ 通勤の経路および方法については会社に届け出たものとし、現場の始業時刻には作業開始できる状態で待機すること。ただし、会社が別段の指示をした場合はこの限りではないものとする。

④ 職務以外の目的で会社の施設、機械器具、物品等を使用または持ち出さないこと。

⑤ 勤務中は職務に専念し、正当な理由なく勤務場所を離れないこと。

⑥ 会社の名誉や信用を損なう行為をしないこと。

⑦ 在職中および退職後においても、業務上知り得た会社、取引先等の機密を漏洩しないこと。

⑧ 酒気を帯びて就業しないこと。

⑨ 寄宿舎に入舎する従業員は別に定める寄宿舎規則を厳守すること。

⑩ その他当社従業員としてふさわしくない行為をしないこと。

⑪ 業務上の指揮命令および指示・注意に従うこと。

⑫ 許可なく他の会社等の業務に従事しないこと。

⑬ 自己の職務は正確かつ迅速に処理し、常にその能率化を図るよう努めること。

⑭ 業務上の失敗、ミス、クレームは事実を速やかに上長に報告すること。

⑮ 反社会的勢力もしくはそれに類する団体や個人と一切の関わりをもってはならない。

⑯ 他の従業員を教唆してこの規則に反するような行為、秩序を乱

すような行為をしてはならない。

⑰　事業場内外を問わず、人をののしり、または暴行、流言・悪
口・侮辱・勧誘その他、他人に迷惑になる行為をしてはならな
い。

⑱　パワーハラスメントまたはこれらに類する人格権侵害行為によ
り、他の従業員に不利益を与えたり、職務遂行を阻害するなど、
職場の環境を悪化させてはならない。

⑲　他の従業員と金銭貸借をしてはならない。

⑳　出勤に関する記録の不正をしてはならない。

㉑　住所、家庭関係、経歴その他の使用者に申告すべき事項および
各種届出事項について虚偽の申告をしてはならない。

㉒　使用者の許可なく事業場において、集会、文書掲示または配
布、宗教活動、政治活動、私的な販売活動など、業務に関係のな
い活動を行ってはならない。また、就業時間外および事業場外に
おいても従業員の地位を利用して他の従業員に対しそれら活動を
行ってはならない。

㉓　使用者の車輌の運転は常に慎重に行い、安全運転をすること。

㉔　服装などの身だしなみについては、常に清潔に保つことを基本
とし他人に不快感や違和感を与えるものとしないこと。服装を正
しくし、作業の安全や清潔感に留意した頭髪、身だしなみをする
こと。

4．服務規律

　会社を適切に運営し秩序を維持するためには、労働条件だけではな
く、従業員の行動規範とする服務規律が必要です。服務規律には一般的
な心得的なものや、遵守してほしいことを記載します。また、判例で

は、「企業秩序は、企業の存立と事業の円滑な運営の維持のために必要不可欠なもの」であり、「労働者は、労働契約を締結して企業に雇用されることによって、企業に対し、労務提供義務を負うとともに、これに付随して、企業秩序遵守義務その他の義務を負う」（富士重工業事件最高裁第 3 小（昭 52.12.13））との判断があります。

　そのため、服務規律は労基法上の記載事項ではありませんが、会社としてのルールを明文化することが大切です。服務規律は働く上での大切なルールなので、会社によっては服務規律だけを抜粋し、イラスト等を入れ「従業員ルールブック」として、従業員の方に読んでいただけるように工夫されている会社もあります。

　服務規律では下記のような内容を定めておくことが望ましいです。
①出退勤
②遵守事項
③誠実義務違反・反社会的・迷惑・不正行為等の禁止
④身だしなみ
⑤競業禁止
⑥機密情報の保護
⑦物品等の取扱い
⑧私的行為の禁止
⑨ハラスメントに関すること等

第 25 条（あらゆるハラスメントの禁止）
　　従業員は業務の適正な範囲を超える言動により、他の従業員に精神的・身体的な苦痛を与えたり、性的言動等により、他の従業員に不利益や不快感を与える等就業環境を害するハラスメント行為を一切してはならい。

5. ハラスメント

❶ ハラスメントの就業規則への記載

　セクシュアル・ハラスメントについては男女雇用機会均等法第11条、マタニティハラスメントについては男女雇用機会均等法第11条の3、パワーハラスメントについては労働施策総合推進法第30条の2に各種ハラスメントについての事業主の講じるべき措置が定められています。措置義務を周知させるため、就業規則への記載が必要です。

❷ ハラスメントとは？

　職場上の立場や優位性を利用して、下記のようないやがらせを行うことをいいます。
・職場の環境を悪化させて、働きづらくさせる
・個人を肉体的または精神的に攻撃する
・育児等の制度を利用したことで不当な扱いをする

❸ ハラスメントの種類

セクシュアル・ハラスメント	職場内での性的な言動により、就業環境を悪化させること。
パワーハラスメント	職場上の立場や優越的な関係を利用して、いやがらせをする行為のこと。上司が部下に対して、身体的な攻撃、精神的な攻撃、人間関係からの切り離し、過大な要求、過小な要求、個の侵害を行うこと。 同僚間でも成立します。
モラルハラスメント	悪意ある極端な言動、文書などにより人格や尊厳を傷つけ、精神的ダメージを与えること。
マタニティハラスメント	妊娠、出産、育児休業等に対して、悪意ある言動や、不利益な対応をすること。

第 6 章　福利厚生・教育訓練

> 第 26 条（慶弔金）
> 　従業員の慶事および弔事に対して、会社は慶弔金を支給する。た
> だし、試用期間中の従業員は対象者から除外する。

1. 慶弔金

　法律的な義務はありませんが、おそらくどこの会社でも従業員が結婚
や出産をした場合、もしくは身内で不幸があった場合等には、お祝金や
お見舞金を支払っていることと思います。会社としてお祝金や見舞金を
支給しているのであれば、明文化し、誰でもわかるようにしておくこと
で、従業員の方達が会社に対しての安心感をもつことができます。定着
率を高めるためにも、福利厚生の充実として、制度化していくことが望
ましく、対象者、手続き方法、金額の取決めが必要です。

> 第 27 条（教　　育）
> 　　使用者は、従業員の技能を向上させるために必要に応じて教育を
> 　行い、または外部の教育に参加させることができる。
> 2. 従業員は、使用者が指示した教育の受講等を命じられたときは、
> 　正当な理由なくこれを拒むことができない。
> 3. 会社が業務上の必要性を認め、会社の業務命令により行われる教
> 　育研修は、原則として所定労働時間内に実施するものとする。研修

が所定労働時間外に及ぶときは、時間外労働とし、会社の休日に行われるときは、あらかじめ他の労働日と振り替える。

2．教育

　労働者は、労働する義務を負っていますが、それに付随する義務として使用者が実施する業務に必要な知識、技術に関する教育等を受講する義務を負っています。

　そして、会社の業務命令での教育の時間は、当然労働時間となりますので、休日に実施されるのであれば、休日勤務手当としての支払いをするか、労働日との振替をすることになります。

第7章　表彰・懲戒

第28条（表彰の原則）

　　会社は、会社の発展に大きく寄与した従業員に対し、その優れた功績を周知することにより他の従業員とともに栄誉を称え、感謝の意を表するために表彰するものとする。

第29条（表　　彰）

　　従業員が次の各号のいずれかに該当する場合には、審査のうえ表彰することができる。

① 品行方正、技術優秀、業務熱心で他の者の模範と認められる者
② 災害を未然に防止し、または災害の際、特に功労のあった者
③ 業務上有益な発明、改良または工夫、考案のあった者
④ 永年にわたり無事故で継続勤務した者
⑤ 社会的功績があり、会社および従業員の名誉となった者
⑥ その他前各号に準ずる程度に善行または功労があると認められる者

2. 前項の表彰は、賞状、賞品または賞金を授与し、これを行う。

1. 表彰

　表彰は就業規則の相対的必要記載事項にあたります。表彰制度を導入するのであれば記載が必要な項目です。優秀な技能者の表彰、勤続年数

への表彰等があります。毎年の給与を上げていくのは、会社としては厳しい時もありますが、表彰は一時的なもので従業員のモチベーションアップにもつながるため、会社独自の制度を導入することをおすすめします。

第30条（懲　　戒）
　　使用者は従業員の就業を保障し、業務遂行上の秩序を保持するため、この規則の禁止・制限事項に抵触する従業員に対して懲戒を行う。
2.　従業員に第31条に定める減給以上の懲戒を行う場合は、使用者が指名した者を委員長とした懲罰委員会を招集し、事実確認、本人の審問および異議申立ての聴取を行った上で検討し、処分を決定する。
3.　状況に応じ、当該従業員には第33条に定める自宅待機を命ずることがある。
4.　他の従業員を教唆、幇助、煽動、共謀、または隠蔽の違背行為があると認められた従業員については、行為に準じて懲戒に処す。

第31条（懲戒の種類、程度）
　　懲戒の種類は次の各号のとおりとする。
①　訓　　戒：文書によって厳重注意をし、将来を戒める。
②　譴　　責：始末書を提出させ、将来を戒める。
③　減　　給：1回の額が平均賃金の1日分の半額、総額が一賃金支払期における賃金総額の10分の1以内で減給する。ただし、懲戒の事案が複数ある場合は、複数月にわたって減給を行うことがある。
④　出勤停止：14暦日以内の出勤停止を命じ、その期間の賃金は支払わない。

⑤　降　　格：資格等級等の引下げをする。この場合、労働条件の
　　　　　　　変更を伴うことがある。

⑥　諭旨退職：合意退職に応ずるよう勧告する。ただし、勧告した
　　　　　　　日から3労働日以内に合意に達しない場合は懲戒解
　　　　　　　雇とする。

⑦　懲戒解雇：解雇予告期間を設けることなく即時に解雇する。こ
　　　　　　　の場合、所轄労働基準監督署長の解雇予告除外認定
　　　　　　　を受けたときは予告手当を支給しない。

2. 懲戒の種類

①訓戒　　　厳重注意

②譴責　　　始末書

③減給　　　ペナルティとして給与を減額

　※ただし、法律で制限があります（減給の制裁）

④出勤停止　一定期間出勤を停止し、給与を支払わない

⑤降格　　　役職の解任等で職場内の地位をさげる

⑥諭旨退職　懲戒に該当するが、本人が反省をしているのであれば、自
　ら退職届をだすように促す

⑦懲戒解雇　懲戒処分で1番重い処分

※減給の制裁とは？

　労働基準法には、減給の制裁という項目があり、ペナルティで給与を
減額する場合は、ペナルティ1回の額が平均賃金の1日分の半額まで、
1賃金支払い期間に複数回あった場合でも、その賃金支払い期間の総額
の10分の1までと決まっています。

（例）

5月に3回の遅刻をし、就業規則に基づき平均賃金の1日分の半額の減給制裁をしたい。（遅刻3回で1回のペナルティと規定がある場合）

・賃金締切日は月末　賃金支払日は毎月10日

・減給制裁を行うことを本人に伝えたのは6月3日

期　　　間	月分	日数	金　　額
3月1日から3月31日	3月分	31日	260,000円
4月1日から4月30日	4月分	30日	260,000円
5月1日から5月31日	5月分	31日	260,000円
合　　　計		92日	780,000円

平均賃金の計算（「平均賃金」については第10章で詳しく解説します）

平均賃金	賃金総額　780,000円 ÷ 92日 = 8,478円2608 平均賃金（銭未満を切捨て）8,478円26銭

実際の減給

賃金支払日の6月10日に平均賃金の半額 8,478.26 ÷ 2 = 4239.13円

減額できる上限額 4,239円

第8章　定年・退職

第34条（一般退職）

　　従業員が次の各号の一に該当する場合には、各号に記した日を
もって退職とする。

① 死亡したとき（死亡した日）

② 自己の都合により退職を申し出、使用者との合意があったとき
（合意した退職日）

③ 自己の都合により退職を申し出たが、使用者の合意がないとき
（民法第627条による日）

④ 休職期間満了日までに休職理由が消滅しないとき（休職期間満
了日）

⑤ 届なく欠勤し、居所不明等で使用者が本人と連絡をとることが
できない場合で、欠勤開始日以後14暦日を経過したとき

⑥ 労働者性を有しない取締役等に就任したとき（取締役等の就任
日）

2. 前項②号、③号において、従業員が自己の都合により退職しよう
とするときは、1か月前までに所定の様式により使用者へ退職の申
し出をしなければならない。

第35条（自己都合による退職手続き）

　　従業員が自己の都合により退職しようとするときは、原則として
退職予定日の1か月前までに、遅くとも2週間前までに、会社に申
し出なければならない。退職の申し出は、やむを得ない事情がある

場合を除き、退職届を提出することにより行わなければならない。

2.　退職の申し出が、所属長により受理されたときは、会社がその意思を承認したものとみなす。この場合において、原則として、従業員はこれを撤回することはできない。

3.　退職を申し出た者は、退職日までの間に必要な業務の引継ぎを完了しなければならず、退職日からさかのぼる2週間は現実に就労しなければならない。これに反して引継ぎを完了せず、業務に支障をきたした場合は、懲戒処分を行うことができる。

4.　業務の引継ぎは、関係書類を始め保管中の金品等および取引先の紹介その他担当職務に関わる一切の事柄につき確認のうえ、確実に引継ぎ者に説明し、あるいは引き渡す方法で行わなければならない。

1.　一般退職

　一般退職とは、労働者側からの理由で労働契約を終了することをいいます。本人からの申し出の他に、死亡した時、休職期間満了の時、役員に就任し労働者性を有しなくなったとき等があります。

　また、最近のご相談で多いのは「連絡がつかない」というときです。この場合は判断が難しいため、就業規則に一定の基準を設けておくことが有効になります。退職事由が効力をもつように就業規則への明記が大切になります。

2.　退職時のルール

　突然の退職は、業務の引継ぎ、従業員の補充等会社にとっては大変なことです。

　しかしながら、本人が「辞める」という意思表示をしてきた以上、法律的に拘束することはできません。そのため退職のルールをしっかりと決めておくことが必要です。

❶　退職の申し出の期限を決める

　民法上では2週間前の退職の申し出でも構わないことになっていますが、現実的には2週間での引継ぎや次の採用は困難です。そのような事態にならないためにも、申し出の期限を決めておき、社内で周知しておくことが大切です。一般的には1か月にしているケースが多いです。

❷　退職の引継ぎ

　退職が決まると、「退職日までの1か月を有給休暇使わせてください」という労働者の方が増えています。有給休暇は労働者の権利ですから、取得していただくのは問題ありません。ただ、有給休暇取得の前にしっかりと業務の引継ぎを行うことも記載しておくことが望ましいです。

❸　貸与物の返還

　退職時には、作業着、保険証、車の鍵、ETCカード等、返却してもらうものも、リスト化しておき、スムーズな手続きができるようにしておきましょう。

❹　退職届

　本人から退職の申し出は必ず書面でもらいましょう。口頭だけでもあっても、退職の意思表示にはなりますが、のちのちのトラブルをさけるためにも、書面で退職届をだしてもらうか、それができない場合は会社から「退職承諾書」を本人に交付し、退職日を確認しましょう。

　　➡⇨ 巻末資料　様式11　退職承諾書

第36条（定年退職）

　従業員の定年は60歳とし、定年に達した日（誕生日の前日）を
もって退職とする。

2.　定年に達した従業員が希望し、この規則に定める解雇事由（懲戒
　解雇相当を含む）もしくは一般退職事由に該当しない場合は、原則
　として満65歳まで嘱託として再雇用する措置を講ずる。

3.　嘱託として再雇用する場合の労働条件については個別に協議し、
　労働契約書を締結する。

4.　労働契約期間は1年以内の更新制とし、更新の条件については個
　別の労働契約書で規定する。

3. 定年退職

❶　定年とは？

　労働者が一定の年齢に達したときに労働契約が終了する制度です。現
状の法律では、会社が定年を定めるときには、60歳以上の定年を定め
なければならないとなっています（高年齢者等の雇用の安定等に関する
法律第8条）。また、65歳未満の定年を設けている会社は、雇用する高
年齢の65歳までの安定した雇用を確保するために、①定年の引上げ、
②継続雇用制度の導入、③定年の定めの廃止いずれかの措置（高年齢者
雇用確保措置）を講じなければなりません（同法第9条）。そのため、
今回のサンプル就業規則は60歳定年、65歳まで本人が希望すれば雇用
を継続することができるように記載しています。

❷　定年後について

　60 歳以降は 1 年ごとの更新制としているので、労働条件は 1 年ごとに見直すことが可能です。法律で定められているのは、65 歳までの雇用の維持であって、定年前と同一条件である必要はありません。つまり、ある程度会社側から条件を提示し、それに対し条件を受けるかどうかはご本人次第です。60 歳以降は、体調のこと、働き方のこと等それぞれ考え方も違います。しっかりと役割と業務内容を明示して、労働契約を結びましょう。

第 37 条（退職時の留意事項）

　解雇、自己都合問わず退職する者は、退職日までに業務の引継ぎその他指示されたことを完了し、貸与または保管されている金品を返納しなければならない。

2. 従業員は、退職にあたっては在職中に得た使用者の情報、顧客情報、名刺ならびに個人情報等を使用者の指示に従って破棄もしくは返還し、退職後はその情報を何らかの媒体として保持してはならない。

3. 従業員は、退職後と言えども在職中に得た使用者の情報、顧客情報ならびに個人情報は一切漏洩してはならない。

4. 従業員は、退職にあたって自己もしくは第三者の利益のために関与先を誘導するなどの行為をしてはならない。これは退職後も同様とする。

5. 使用者は、競合する企業への就職もしくは競業での独立開業について、合理的な範囲で従業員の退職後の競業を一定期間制限することがある。

---

4. 退職時の留意事項

❶ 機密保持に関すること

　従業員が退職時に機密情報を持ちだし、それを再就職先で活用すれば会社としての損害も大きく、また他の会社に情報が知れ渡ることで、会社としての信用を失墜することになります。退職後といえども、機密保持を厳守することを確約させることが大切です。

❷ 競業禁止に関すること

　本来憲法で「職業選択の事由」がある以上、退職後の職業まで縛ることはできません。しかしながら、在職中ある程度の役職にあり、その人が他の会社に行くことで、自社に損害が出る可能性があるとか、同じエリアで、今までの元請より直接仕事をもらうようなことがあれば、自社への損害は大きなものになってきます。その場合、合理的な範囲での制限をすることは可能です。このルールを一律全員に適用させるのは難しいので、退職時の役職等により内容を決定していく必要があります。

第 9 章　解雇

第 38 条（普通解雇）

　従業員が次のいずれかに該当するときは、解雇することがある。

① 　勤務状況が著しく不良で、改善の見込みがなく、従業員として
　の職責を果たし得ないとき

② 　勤務成績または業務能率が著しく不良で、向上の見込みがな
　く、他の職務にも転換できない等就業に適さないとき

③ 　業務上の負傷または疾病による療養の開始後 3 年を経過しても
　当該負傷または疾病が治らない場合であって、従業員が傷病補償
　年金を受けているとき、または受けることとなったとき（会社が
　打切補償を支払ったときを含む）

④ 　身体、精神の障害、その他法令で保護されない私的な事情等に
　より、本来遂行すべき業務への完全な労務提供ができず、または
　業務遂行に耐えられない、と使用者が認めたとき

⑤ 　規律性、協調性、責任性を欠くため他の従業員の業務遂行に悪
　影響を及ぼす、と使用者が認めたとき

⑥ 　誠実勤務義務の不履行または完全な労務提供がなされない等
　で、労働契約を継続することが不適当と使用者が認めたとき

⑦ 　その他、従業員として適格性がないと使用者が認めたとき

⑧ 　試用期間における作業能率または勤務態度が著しく不良で、従
　業員として不適格であると認められたとき

⑨ 　工事の完了、中止、変更その他やむを得ない事由により工事が
　なくなったとき、および事業の運営上または天災事変その他これ

　　　に準ずるやむを得ない事由により、事業の縮小または部門の閉鎖
　　　等を行う必要が生じ、かつ他の職務への転換が困難なとき
　　⑩　特定の地位、職種または一定の能力を条件として雇い入れられ
　　　た者で、その能力または適格性が欠けると認められるとき
　　⑪　その他前各号に準ずるやむを得ない事由があるとき
　2.　解雇するときは30暦日前に予告する。予告しないときは平均賃金
　　の30日分を支給して即時解雇する。ただし、所轄労働基準監督署
　　長の認定を受けたときは、予告手当を支給しない。なお、予告日数
　　は平均賃金を支払った日数だけ短縮する。
　3.　第1項で定める事由により解雇されるにあたり、当該従業員より
　　退職理由証明書の請求があった場合は、使用者は解雇の理由を記載
　　した解雇理由証明書を交付する。

1．解雇の種類

　解雇とは会社側から従業員に「辞めてくれ」と伝えることをいいま
す。従業員側に非があったとしても、会社側から辞めてもらうことを解
雇といいます。また解雇には大きく分けて3つの種類があります。

①普通解雇
　従業員側に、精神または身体の障害、勤務成績不良、能力不足、勤務
態度不良を理由として、十分な労務提供ができないという、雇用契約上
の債務不履行があるための解雇をいいます。
②整理解雇
　経営上の理由により、事業縮小、事業の打ち切りのための人員整理の
ために行う解雇のことをいいます。
③懲戒解雇

　従業員が服務規律に違反したり、会社の秩序を乱したということで懲戒解雇事由にあてはまる行為をしたときに行われる解雇のことをいいます。

2.　普通解雇

❶　解雇するには

　現在の労働基準法において、労働者を解雇するには「客観的にみて合理的な理由が必要」とされ、社会通念上相当だと認められない解雇は無効とされます。未だ日本の労働法において解雇は難しく、そのためにも解雇をする事由として、より具体的に就業規則に記載しておくことが重要です。「あいつは覚えが悪くて仕事ができない」という理由だけでは解雇はできませんので注意が必要です。

❷　解雇予告手当

　従業員を解雇するときは、解雇する日の 30 日以上前に予告をしなくてはいけません。この予告ができない時は、解雇予告手当といって、平均賃金の 30 日分以上の解雇予告手当を支払わなくてはいけません。あるいは、平均賃金を支払えば、支払った日数分だけ解雇日を前倒しにすることができます。

　（例）5 月 1 日に、5 月 20 日付けの解雇予告をした場合、20 日前の予告になるため、10 日分の平均賃金の支払いが必要になります。

❸　普通解雇の注意点

　解雇に関する労使トラブルは非常に多いです。解雇時に「言った」「言わない」で紛争に発展するケースもあります。不要なトラブルをさけるためにも、必ず書面に残しましょう。

❹　整理解雇の注意

　整理解雇も普通解雇と同様に退職合意書を作成しましょう。特に整理
解雇に関しては、「整理解雇の4要件」といって4つの要件をしっかり
説明ができるようでないと、「解雇無効」ということになりかねません
ので注意をしましょう。

・人員削減の必要性
　→単に経営が悪化したという理由ではなく、具体的にどれくらいの数
　　字が落ちて、どの程度の人員整理をしなくてはいけないか？　とい
　　う客観的な説明が必要
・解雇回避努力
　→整理解雇をする前に、希望退職者を募る等の努力をしているか
・人員整理の合理性
　→解雇する人員の選定に客観的で合理的な基準が必要
・手続きの相当性
　→従業員に十分説明をし、協議をしているか
　　　➡⇨ 巻末資料　様式 12　退職合意書

【解雇の誤解】

　よく「30 日分払えば解雇できるんでしょ？」と質問を受けます。こ
れは間違いです。解雇予告手当を払えば、解雇ができるわけではありま
せん。解雇予告手当は解雇をするときの手続き的な話であり、その解雇
が妥当かどうか？（不当解雇でないか？）は別の問題です。切り離して
考えましょう。

第 39 条（解雇制限）
　　従業員が業務上の傷病により療養のために休業する期間およびそ
　の後 30 日間、ならびに女性従業員が第 18 条の規定により出産のた

めに付与された休暇の期間およびその後30日間は解雇しない。ただし、業務上の傷病による休業期間が3年に及び打切補償を支給されたとき、もしくは労働者災害補償保険法第18条の定めにより打切補償を支払ったものとみなされたときは、この限りでない。

2. 天災事変その他やむを得ない事由のため事業の継続が不可能となった場合で、労働基準監督署長により解雇予告除外認定を受けたときは前項の規定を適用しない。

3. 解雇制限

❶ 解雇制限期間

いかなる理由があっても、労働基準法の中で解雇をしてはいけない時期という期間があります。

◆業務上災害による休業期間（労災による休業期間）とその後30日間
　例外　休業補償を受けている労働者が療養開始後3年間を経過しても負傷または疾病が治らない場合で、使用者が平均賃金の1,200日分の打切補償を支払えばこの限りではないとされています。

◆産前産後休業とその後30日間
　ただし、自然災害その他やむを得ない事由で事業の継続が不可能となった場合で、労働基準監督署に認定されたときは解雇制限がなくなります。

❷ 解雇に関する法律

◆解雇は、客観的に合理的な理由を欠き、社会通念上相当であると認められない場合には、その権利を濫用したものとして無効とする。（労働契約法第16条）

◆期間の定めのある労働契約を結んだ場合には、やむを得ない事由がある場合でなければ、契約期間が満了するまでの間は、労働者を解雇できない。（労働契約法第 17 条）

◆使用者が労働者を解雇しようとする場合には、少なくとも 30 日前に予告するか、30 日以上の平均賃金を支払わなければならない。この予告日数は平均賃金を支払った日数分短縮することができる。（労働基準法第 20 条）

◆試用期間中の労働者であっても、14 日を超えて雇用された場合は、上記の予告の手続きが必要である。（労働基準法第 21 条）

◆労働者は、解雇を予告された日から退職日のあいだに、解雇の理由についての証明書を請求することができる。（労働基準法第 22 条第 2 項）

第 40 条（休　　職）

　　従業員が以下の各号の一に該当するときには休職を命ずることがある。

①　業務外の傷病により継続、断続を問わず 30 日以上欠勤があるとき

②　精神または身体上の疾患により労務提供が不完全なとき

③　家事の都合、その他やむを得ない事由により 1 か月以上欠勤したとき

④　公の職務につき、業務に支障があるとき

⑤　出向をしたとき

⑥　前各号のほか、特別の事情があって、会社が休職をさせることを必要と認めたとき

2.　ただし、第 41 条の定める休職期間中に治癒（回復）の見込みがないと認める場合、会社は休職を命じないことがある。

3.　会社は前項における休職の要否を判断するにあたり、従業員から

　　その健康状態を記した診断書の提出を受けるほか、会社の指定する
　　産業医もしくは専門医の意見を聴き、これらの意見に基づき要否の
　　判断を行うものとする。
4.　従業員は、会社が前項の検討を行う目的でその主治医、家族等の
　　関係者から必要な意見聴取等を行おうとする場合には、会社がこれ
　　らの者と連絡をとることに同意する等、必要な協力をしなければな
　　らない。
5.　従業員が必要な協力に応じない場合、会社は休職を発令しない。

4. 休職

❶　休職とは？

　そもそも休職とは何でしょうか？　これは法律的に定めなくてはいけ
ないわけではありません。一言でいうと、社員の地位はそのままで、一
定の期間会社をお休みすることのできる制度のことです。ただ、好きな
時にいつでも休めるわけではなく、会社として休職制度の使える事由の
取決めをしています。一般的に多いのは私傷病のときです。業務中に事
故でケガをした場合の休業は労災となるため、当然、休業中も社員とし
ての地位は補償されます。しかし、私傷病の場合はご自身の責任です。
働けない状態では労働契約は成立しませんので、本来であれば退職とい
うことになります。しかしながら、縁あって入社した会社です。会社と
しても「病気が治るまでお休みをしていてもいいよ。治ったら戻ってお
いで」といった期間を休職期間としています。ただし、これには当然一
定のルールがあります。お仕事はしていませんので、ノーワーク・ノー
ペイの原則どおり給与は支払う必要はありません。もちろん、会社とし
て補償をしてあげても問題はありません。また、病気の時だけでなく、

たとえば、どこか災害地域にボランティアに行きたいとか、一定期間も
う一度学校で勉強をしたいといったことを休職として認めている会社も
あります。最初に説明したとおり、法律的に定めなくてはいけない項目
ではありませんので、会社としての取決めが必要です。

　ただ、最近の傾向をみると、休職制度を使っている会社が増えたよう
な気がします。内容としては「精神疾患」です。仕事についていけな
い、人間関係で悩んでしまっているということから、精神的に追い詰め
られてしまうケースもあるようです。このような時は一度仕事を離れ、
ゆっくりする時間が必要なのかもしれません。

第 41 条（休職期間）

　　休職期間は次のとおりとする。ただし、試用期間中の従業員は対
　象者から除外する。

　①　前条第 1 項、第 1 号・第 2 号の場合　　6 か月
　　ただし情状により期間を延長することがある。

　②　前条第 1 項、第 3 号から第 6 号の場合　その必要な範囲で、会
　　社の認める期間

2.　休職期間中、賃金は支給しない。

3.　休職期間中は、原則として勤続年数に通算しない。ただし、年次
　有給休暇の定例付与日数の基準となる勤続年数には通算する。

4.　前条第 1 項の第 1 号・第 2 号により休職中の従業員は、休職期間
　中は、療養に専念しなければならない。

5.　休職中の従業員は、会社の規則・命令等を守らなければならない。

6.　会社は、休職中の従業員に対し、会社指定医師の受診を命じるこ
　とができ、従業員は正当な理由がない限り、これに応じなければな
　らない。

7.　休職中の従業員は、会社の求めに応じ次の書類を提出し、自己の
　傷病等について、原則として 1 か月に 1 回以上報告しなければなら

ない。ただし、会社が認めた場合は省略することがある。
① 　主治医の診断書
② 　会社が指定した医師の診断書
③ 　その他会社が必要と判断したもの

5. 休職期間

　休職中は仕事をしていませんので、ノーワーク・ノーペイの原則どおり、給与を支払う必要はありません。そのため所得税、雇用保険料はかかりませんが、社会保険料は免除されませんので、休業期間中も社会保険料を徴収することになります。休職開始時に社会保険料の納付方法についても確認しておいた方がいいです。また、業務外の病気や疾病による休業であれば、社会保険の傷病手当金の対象になります(※)。またこの期間の勤続年数について賞与や退職金の算定にカウントする期間なのかどうかを決めておく必要があります。
※傷病手当金の制度は加入している健康保険制度により異なります。

第42条（復　　　職）
　　私傷病等で休職した者の復職にあたっては、主治医、および、会社が指定した医療機関で受診させ、診断書の提出を命じる。その結果を基に産業医を含めて、復職の可否、および復職時の業務軽減措置等の要否・内容について決定するものとする。正当な理由なく、この受診および診断書の提出を拒否する場合には、復職は認めない。
2. 　休職の事由が消滅したと会社が認めたときは、業務の都合もしくは当該従業員の職務提供状況に応じて会社の決定した職務に配置する。この場合、労働条件の変更を伴うことがある。
3. 　復職直後に、所定労働時間より短い勤務が妥当と会社が判断した

場合で、当該従業員が希望する場合は、期間を定めて短時間勤務とする。この場合、労働条件の変更を伴うことがある。

6. 復職

　復職の要件については、休職に入るタイミングで求職者と必ず書面で確認をしてください。休職に入る時は納得してお休みに入るのですが、いざ休職期間が満了し、復帰ができないような状況になった時にもめるケースを多くみます。トラブルをなくすためにも復職の要件をしっかり明記しておくことが必要です。

第 43 条（休職期間の通算）
　　休職後に復職した従業員について、復職後 6 か月以内に同一傷病または類似傷病と会社が判断した場合、または欠勤を繰り返すなどして勤務に耐えないと判断された場合、会社はその従業員に対し、復職を取り消し、ただちに休職させる。
2.　その場合における休職期間は復職前の休職期間の残日数（ただし、残日数が 30 日に満たないときは 30 日）とする。

第 44 条（自然退職）
　　休職期間終了日に復職できないときは、自然退職とする。

7. 休職期間の満了

　休職期間を終えたときは、現職復帰が基本ルールです。休職期間で復帰できない場合は、退職の手続きをとることを明記しておきます。

第10章　賃金

第45条（賃金の構成）
賃金の構成は以下のとおりとする。

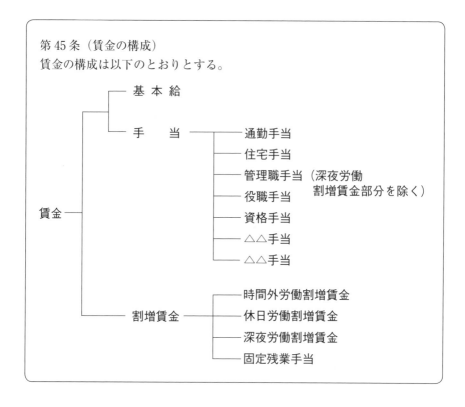

1. 賃金の構成

　賃金は大きく分けると所定内賃金と所定外賃金に分けることができます。

　所定内賃金とは、所定時間分に支払われる賃金で、所定外賃金とは、一般的に残業代のことをいいます。

　所定内賃金の決め方に法律はなく、守らなくてはいけないのは最低賃金のみです。

　そのため、基本給の決め方、手当の決定方法は会社独自で決めることができます。

第 47 条（賃金の支払方法）

　　賃金は通貨で直接従業員にその全額を支払う。

2.　前項の規定にかかわらず、従業員の同意を書面にて得た場合は、従業員が指定する金融機関の口座への振込みにより賃金を支給する。ただし、使用者が特に指定した場合は口座振込みは行わず、第 1 項の原則どおり、本人へ直接現金支給とする。

3.　以下の各号に掲げるものについては賃金を支払うときに控除する。

　①　源泉所得税

　②　住民税（市町村民税および都道府県民税）

　③　雇用保険料

　④　健康保険料（介護保険料を含む）

　⑤　厚生年金保険料

　⑥　会社の貸付金の当月返済分（本人の申し出による）

　⑦　その他必要と認められるもので従業員代表と書面にて協定したもの

---

2. 賃金支払いの5原則

　賃金の支払い方については、労働基準法第24条についてルールが決められています。

■ 賃金支払いの5原則

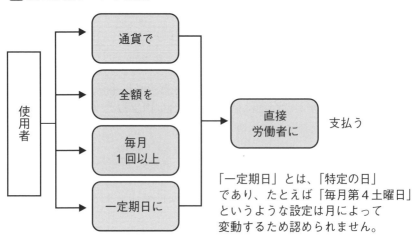

「一定期日」とは、「特定の日」であり、たとえば「毎月第4土曜日」というような設定は月によって変動するため認められません。

■ 支払い5原則の例外

①通貨払いの例外	労働者の同意を得た場合は金融機関口座への振込みも可能です。
②直接払いの例外	代理人への支払いは原則として不可ですが使者（※）への支払いは可能です（※労働者が病気入院中のため配偶者が受取りにいくなど）。
③全額払いの例外	法令に定める公租公課および労使協定または労働者の同意によるものは控除できます。
④一定期日の例外	金融機関口座への振込み対象者で金融機関が休日の場合、所定の支払日を前後に変動させることは可能です。

❶　連絡がつかない場合の給与は払わない？

　「突然来なくなってしまった従業員に給与を払わなくていいですか？」
というご相談をよく受けます。答えは「NG です」。どんな理由であれ、
働いた分の賃金は支払う義務があります。ただ、「連絡もつかずにまわ
りに迷惑をかけている従業員に払いたくない」という経営者の方の気持
ちもよくわかります。ここは法律に則り、就業規則に退職時の賃金支払
ルールを記載しておきましょう。連絡がつかなくなってしまったような
特別な場合には、法律の原則どおり直接現金で本人に支払うという条文
を入れておくのをおすすめします。最初の雇用契約を結ぶ際に、「退職
月に限っては、貸与物の返還、社内への引継ぎもあるため、給与は現金
渡しにします」といった案内をしておくことも有効です。

❷　勝手に控除してはダメ

　建設業の方の給与明細を見せていただくと、組合費、社員旅行積立、
親睦会費等が給与から控除されているのをよく見ます。給与から控除し
ていいものは 2 種類のみです。1 つは法定控除といい、源泉所得税、社
会保険料等の法律で定められたもの。もう 1 つは協定控除といい、社内
で労使協定を結び、それに伴い控除するものだけです。組合費や旅行積
立費等は、労使協定がない限り控除できませんのでご注意ください。賃
金控除の労使協定は労働基準監督署への届出は不要です。

　➡⇨ 巻末資料　様式 13　賃金控除の協定書

第 48 条（休職期間中の賃金）
　原則として、この規則に規定する休職期間中は賃金を支給しない。

第 49 条（臨時休業中の賃金）
　使用者の都合により従業員を臨時に休業させる場合には、休業 1

日につき平均賃金の6割に相当する休業手当を支給する。
2.　1日の所定労働時間のうち一部を休業させた場合で、その日の労働に関する賃金が前項の額に満たない場合はその差額を休業手当として支給する。
3.　別途協定を締結した場合は、その協定によるものとする。

3.　休職期間中の賃金

　休職期間中は仕事をしていないため、ノーワーク・ノーペイの原則どおり賃金は支払いません。ただし、私傷病で会社を休んでいる場合、協会けんぽ等（※）に加入していると傷病手当金という休業中の所得補償を受けることができます。
※加入している健康保険、国保組合等により所得補償の有無、内容に違いがあります。

4.　休業手当

　休業手当とは勤務日でありながら業績不振等、会社側の都合で休業をした場合、会社から手当が払われる制度で、労働基準法第26条で定められています。休業手当は平均賃金の60％以上の支払いが義務付けられています。

第50条（基本給）
　基本給は、月給または日給とし、本人の職務内容、技能、勤務成績等を考慮して各人別に決定する。
2.　従業員の担当する職務内容に変更があった場合は、従業員と協議のうえ、基本給および諸手当を変更することがある。

5. 基本給

❶ 基本給の形態

時給制	1 時間単位で給与を決定。
日給月給制	1 日単位で給与を決定し、月ごとにまとめて払います。
月給日給制	1 か月単位で給与を決定。欠勤、遅刻、早退等があれば控除します。
完全月給制	1 か月単位で給与を決定。欠勤、遅刻、早退等があっても控除しません。
年俸制	年単位で給与を決定。

❷ 基本給の決定方法

　基本給の決定方法に法律的な決まりはありません。会社として、何を貢献度として給与を払うのかを決める必要があります。「うちの会社は勤続年数が長い人に対して給与を多く払いたい」という会社もあれば「年齢や勤続年数は関係ない。仕事のできるか、できないかで給与を決めたい」という会社もあり、決め方はさまざまです。終身雇用が中心だったときは、年功序列で少しずつ給与が上がっていき、生涯賃金でバランスをとるというのが主流でした。しかし、最近では終身雇用も崩壊し、転職も当たり前になる中、その人の能力に会った給与を支払うという方向に変わってきています。仮に、温厚で、人付き合いもいいが仕事はあまりできないという方の部下として、仕事の能力が高い若手が入ってきたりすると「自分よりも年齢は高いけど、なんであの人の給与の方が高いかわからない」といった不満のもとに退職していくケースが少なくありません。年功序列がその会社の社風であればそれもいいかもしれませんが、どのような基準で給与が決まっていくかを「見える化」して

いかないと、従業員の不満要因となり退職につながっていきます。

❸　日給制と月給制はどっちがいいの？

　建設作業員の場合、日給で働いている方が多くいます。「働いた分がもらえるからいい」という方が多いようです。しかし、それは所定労働時間を無視した発想にすぎません。月給であっても、一定の日数を超えればそれは残業となり、その分をお支払いいただくことになります。反対に、労働日数が少ない月であれば、月給制の方が生活は安定します。経営者としてみれば、仕事をしていないということは上から金額が入ってこないため厳しい状況にはなりますが、経営者として、従業員の生活を考えた時に、人件費を固定費としてしっかりとらえ、年間の人件費として算出し、従業員に給与を明示ていく方が満足につながるはずです。従業員の給与へのモチベーションを、何日働いたかの時間で評価するのではなく、どれくらいの技術が身についているかという能力で評価をし、差をつけていくことがこれから給与の考え方の大切なポイントになっていきます。

❹　基本給の決定要因

　基本給を決定する考え方には下記のようなケースが考えられます。
　　年齢給　　年齢に応じて給与額を決定
　　勤続給　　勤続年数に応じて給与額を決定
　　能力給　　仕事の能力によって給与額を決定
　　職務給　　仕事の内容によって給与額を決定
　上記を単独で決定する場合もありますし、年齢給＋勤続給＋能力給といった組み合わせで給与を決めることも可能です。会社として何を大切にしていきたいのか？　何を会社への貢献度とするかを考える必要があります。

❺　能力給のイメージ

　下記は能力で給与を決めるときのイメージです。何ができたら、いくらくらいの給与なのかがわかると、会社としても中途採用の際の給与が決めやすく、また従業員にとっても、何を頑張れば給与が上がるのがわかるので、「見える化」をしておくことをおすすめします。要件はできるだけ具体的に記載するのがいいのですが、最初から完璧なものを作成するのではなく、気づいたときに埋めていきながらブラッシュアップしていくことが望ましいです。

ランク	能力要件	基本給目安（月給）
Ⅰ	・基本的な作業を指示どおり、正確に行うことができる ・仲間とのコミュニケーションがとれ、協力することができる ・上司への報告、連絡、相談ができる	200,000 円 ～ 260,000 円
Ⅱ	・仕事の基本手順が確実にできる ・一定以上の作業量をこなすことができる ・現場の段取りができる	260,000 円 ～ 350,000 円
Ⅲ	・その業務のプロとしての仕事ができる ・部下の指導育成をすることができる ・工事全体の段取りが組める	350,000 円以上

第 51 条（賃金の改定）

　基本給および諸手当等の賃金の改定については、原則として毎年〇月に行うものとし、改定額については、会社の業績および従業員の勤務成績等を勘案して各人ごとに決定する。ただし、使用者の事業の業績によっては改定の額を縮小し、または見送ることがある。

6. 賃金の改定

　就業規則の絶対的必要記載事項の中に賃金があり、その中に昇給についての項目があります。ただ、終身雇用が崩れていく中で、今までのように毎年定期的に上がるような制度は会社としてはリスクがあります。そのため、評価のもとに決定するという旨を記載しておくことが望ましいです。

　ただし、降級に関しては従業員にとっては不利益なこととなるため、合理的な理由が必要です。仕事の能力、資格の有無、勤務態度等を評価して決定してください。また、こうした能力の基準は、明文化しておくとトラブルも少なくなっていきます。

第 52 条（役職手当）

　　役職手当は、次の職位にある者に対し月額で支給する。

① 　部長　　　　80,000 円

② 　課長　　　　50,000 円

③ 　係長　　　　30,000 円

④ 　主任　　　　10,000 円

2. 役職手当は支給要件に該当しなくなったときは支給しないものとする。

第 53 条（資格手当）

　　資格手当は、次の資格を有する者に対し月額で支給する。

① 　一級施工管理技士　　　20,000 円

② 　二級施工管理技士　　　10,000 円

③ 　一級技能士　　　　　　20,000 円

④ 　二級技能士　　　　　　10,000 円

7.　手当について

　手当は法律事項ではないため、基本給のみで手当がなくても問題ありません。しかし、手当の決め方で、従業員のモチベーションアップの効果や、会社のメッセージを伝えることができるため手当を有効に活用しましょう。手当を設けた場合は支給要件を明確にしておく必要があります。ここでは代表的な手当を説明します。

❶　役職手当

　役職手当を支給する場合、求める役割を明確にして支給すると効果的です。

❷　資格手当

　建設業の場合、資格が必要な職種の場合、資格手当をつけることがあります。資格をとることで給与があがることがわかればモチベーションもあがります。業務に必要な資格、直接業務には直結しないが、周辺知識としてあったらいい資格、自己啓発のための資格等、小さな金額でも構いません。モチベーションアップのための資格手当はおすすめです。ただ手当として支払う資格が多くなると給与額が大きくなってしまうため、上限額を決めておくことも 1 つの方法です。

■ 資格手当サンプル

手当金額	資格	
4,000 円	高圧ガス製造保安責任者	第2種
	冷凍空調機器施工技能士	1級
	管工事施工管理技士	1級
	電気工事士	1種
2,000 円	高圧ガス製造保安責任者	第3種
	冷凍空気調和機器施工技能士	2級
	管工事施工管理技士	2級
	電気工事士	2種

❸　家族手当

　家族を扶養している場合に、扶養家族に応じて手当を支払います。

　（例）家族手当は、次の家族を扶養している従業員に対して支給する。

　　　　税務上の扶養親族となっている配偶者　　月額　10,000 円

　　　　子（18 歳に達する最初の3 月31 日まで）月額　5,000 円

　今後、家族手当は検討していくことが望ましい手当です。なぜかというと、1つは、働き方改革関連法の中で同一労働同一賃金もはじまり、今まで正社員だけにつけていた属人的な手当は、場合によっては契約社員や短時間勤務者にも付与しなくてはならなくなりました。2つめは、日本は現在深刻な労働力不足の問題もあり、そこで女性と高齢者の活躍を推進しているにもかかわらず、こうした家族手当、社会保険の扶養、税制の配偶者控除といった制度は、女性の社会進出をさまたげることになりかねません。また、最近よく聞かれるのは「能力じゃなくて、家族

が多いだけで給与があがるんですか？」という質問をしてくる方もいます。会社としての払える賃金の総額が決まっている中で、どのように配分していくかは検討の余地があるといえます。

❹　住宅手当

法律でいう住宅手当とは住宅の費用に応じて支払うものを住宅手当といいます。

にもかかわらず、世帯主に 10,000 円、単身者 5,000 円といった住宅費用とはまるで関係のない支払い方をしている住宅手当をよく見ます。もちろん生活の補填的な意味合いで払うのは構いませんが、家族手当と同様に、今後「同一労働同一賃金」になったときに、同じ作業をしているパート労働者にも当然支払わなくてはいけないということになってきます。もう一度、属人的な手当については検討をしてみてもいいかもしれません。

❺　通勤手当

通勤手当を支払うのであれば明確なルールが必要です。というのも、通勤経路を遠回りな経路で申請をし、実際は安価な経路で通い差額をそのまま返却しないというとか、実際は車等で通勤をし、公共交通機関を使わないというケースはよくあります。そのためにはある程度のルールを決めておくことが必要です。

❻　皆勤手当

遅刻、早退、欠勤なく会社に勤務した場合につく手当のことです。精勤手当と呼ぶ会社もあります。皆勤手当を出さない会社も多いと思いますが、皆勤手当を出す会社の目的は、手当を出すことによって従業員の遅刻等を防止するためです。皆勤手当の注意点として、有給休暇を取得した場合に、この手当を支払わない会社をよくみますが、有給休暇を取

得したことで不利益に扱ってはいけないという観点から、この手当は有
給休暇を取得しても支給しなくてはなりません。

【同一労働同一賃金とは？】
　2020 年 4 月 1 日（中小企業は 2021 年 4 月 1 日から適用）からパート
タイム・有期雇用労働法が改正となりました。同じ企業で働く正社員と
短時間労働者・有期雇用労働者との間で、基本給、賞与、手当等あらゆ
る待遇について、不合理な差を設けることが禁止されました。今まで正
社員だからという理由で賞与、退職金を渡し、パートだという理由であ
げないということは法律で禁じられるようになりました。給与面では手
当一つひとつを検証していきます。そのため、属人的な給与については
見直しをしていきましょう。

第 54 条（固定残業手当）
　　会社が必要であると認めた者に支給するものとする。支給額に関
　しては、全て 1 か月の所定外労働 40 時間に対する割増賃金とする
　（法定休日・深夜労働に対する割増賃金は含めない）。
2. 所定外労働が 1 か月 40 時間を超えた場合は超えた分の割増賃金を
　支給する。

---

8. 固定残業手当

　固定残業手当とは、毎月の残業代を一定時間分先払いする手当のこと
をいいます。
　建設業の場合、日給制が多く、日給はあくまで 1 日分であって、この
1 日分が何時間分の賃金かは約束されていないことに問題があります。
日給であっても法定労働時間を超えた場合は、必ず残業代が発生するの

です。たとえば、会社の所定労働時間は 8 時から 17 時までの 1 日 8 時間労働だとします。毎日現場から事務所に戻り、片付けや日報作成等をして、事務所を出るのが 18 時だとすると、毎日 1 時間の残業をすることになります。日給であってもこの 1 時間分の支払いは必要です。この話をすると「その 1 時間分も含めた日給だよ」とお話をされる経営者の方がたくさんいます。それであれば、まさにあらかじめ残業を支払っている固定残業になるため、必ず、内訳明示の必要があります。この手当を決めるときに気をつけてほしいことは、適当に金額を振り分けるのではなく、根拠ある数字で手当の額を決定することと、あくまで残業の先払いなので、その予定時間数を超えたら、超えた差額精算はしなくてはいけません。

（例）

月の所定労働日数 22 日　1 日の労働時間 8 時間　1 日 1 時間残業

①月給 260,000 円の場合

$$\frac{260,000 \text{円}}{22 \text{日} \times 8 \text{時間}} \div 1,477 \text{円（時間単価）}$$

1,477 円 × 1.25 × 22 時間分 ≒ 40,618 円

固定残業手当　22 時間分　41,000 円（1,000 円単位にしています）

◆基本給（月給）260,000 円　固定残業手当　　　　41,000 円

　　月給　　　　　　301,000 円

②日給 15,000 円の場合

15,000 円 ÷ 8 時間 = 1,875 円（時間単価）

1,875 円 × 1.25 × 22 時間 ≒ 51,563 円

固定残業手当　1 時間分　2,400 円（100 円単位にしています）

◆基本給（日給）　15,000 円　固定残業手当（日給）　2,400 円

　1 日単価　　　　17,400 円

■同一労働同一賃金ガイドライン　抜粋

短時間・有期雇用労働者及び派遣労働者に対する不合理な待遇の禁止に
関する指針

①基本給

・**基本給**が、労働者の<u>能力または経験に応じて支払うもの、業績または成果に応じて支払うもの、勤続年数に応じて支払うもの</u>など、その趣旨・性格が様々である現実を認めた上で、それぞれの趣旨・性格に照らして、実態に違いがなければ同一の、違いがあれば違いに応じた支給を行わなければならない。
・**昇給**であって、労働者の勤続による能力の向上に応じて行うものについては、<u>同一の能力向上には同一の、違いがあれば違いに応じた昇給を行わなければならない。</u>

②賞与

・**ボーナス（賞与）**であって、会社の業績等への労働者の貢献に応じて支給するものについては、<u>同一の貢献には同一の、違いがあれば違いに応じた支給を行わななければならない。</u>

③各種手当

・**役職手当**であって、役職の内容に対して支給するものについては、<u>同一の内容の役職には同一の、違いがあれば違いに応じた支給を行わなければならない。</u>
・そのほか、業務の危険度または作業環境に応じて支給される**特殊作業手当**、交替制勤務などに応じて支給される**特殊勤務手当**、業務の内容が同一の場合の**精皆勤手当**、正社員の所定労働時間を超えて同一の時間外労働を行った場合に支給される**時間外労働手当の割増率**、深夜・休日労働を行った場合に支給される**深夜・休日労働手当の割増率**、**通勤手当・出張旅費**、労働時間の途中に食事のための休憩時間がある際の**食事手当**、同一の支給要件を満たす場合の単身赴任手当、特定の地域で働く労働者に対する補償として支給する**地域手当**については、<u>同一の支給を行わなければならない。</u>

④福利厚生・教育訓練

・食堂、休憩室、更衣室といった**福利厚生施設の**<u>利用</u>、転勤の有無等の要件が同一の場合の転勤者用社宅、**慶弔休暇**、健康診断に伴う勤務免除・有給保障については、<u>同一の利用・付与を行わなければならない。</u>
・**病気休職**については、無期雇用の短時間労働者には<u>正社員と同一の、有期雇用労働者にも労働契約が終了するまでの期間を踏まえて同一の付与</u>を行わなければならない。
・**法定外の有給休暇その他の休暇**であって、勤続期間に応じて認めているものについては、<u>同一の勤続期間であれば同一の付与</u>を行わなければならない。特に有期労働契約を更新している場合には、当初の契約期間から通算して勤続期間を評価することを要する。
・**教育訓練**であって、現在の職務に必要な技能・知識を習得するために実施するものについては、<u>同一の職務内容であれば同一の、違いがあれば違いに応じた実施</u>を行わなければならない。

【基本給神話？？？】

　経営者の方と就業規則のお話をしていると、とにかくいろいろな手当をつけたがる経営者の方がいらっしゃいます。「なぜ、こんなに手当が多いのですか？」と尋ねると、「基本給が高いと賞与、退職金、残業代が高くなっちゃうから」と答える方が未だ多くいらっしゃいます。基本給神話顕在です。賞与は基本給の○か月分と決めなくてはいけないと思っていらっしゃるようです。ただ、賞与の決め方に法律はありません。今までは一定の目安として基本給を目安にしてきたかもしれませんが、最近では、会社としての賞与総額を決め、貢献度に応じて分配していくケースが多いように思います。また、退職金においても、給与の最終月を使って退職金額を決める会社であれば気をつけた方がいいかもしれませんが、こちらの決め方も法律で決まっているわけではありません。建設業であれば建退共を使っているケースが多く、こちらは基本給とは連動しません。

　残業の単価計算はこのあとに説明しますが、原則として、単価計算はすべての手当を含めて計算しますので、基本給をいくら低くしても単価が安くなるわけではありません。そろそろ基本給神話から卒業し、適正な給与の決め方をしていきましょう。

第 56 条（割増賃金）

　法定の労働時間を超えて労働した場合（法定休日以外の所定休日含む）は、時間外労働手当を、法定休日に労働した場合には法定休日労働手当を、深夜（午後 10 時から午前 5 時までの間）に労働した場合には深夜労働割増を、それぞれ以下の計算により支給する。

2. 割増賃金は、次の算式により計算して支給する。

①月給制の場合

(1) 時間外労働の割増賃金

$$\frac{基本給 + 役職手当 + 資格手当 + ○○手当 + ○○手当}{1\,か月の平均所定労働時間数}$$

$$\times\ 1.25 \times\ 時間外労働の時間数$$

(2) 休日労働の割増賃金（法定休日に労働させた場合）

$$\frac{基本給 + 役職手当 + 資格手当 + ○○手当 + ○○手当}{1\,か月の平均所定労働時間数}$$

$$\times\ 1.35 \times 法定休日労働の時間数$$

(3) 深夜労働の割増賃金（午後 10 時から午前 5 時までの労働）

$$\frac{基本給 + 役職手当 + 資格手当 + ○○手当 + ○○手当}{1\,か月の平均所定労働時間数}$$

$$\times\ 0.25 \times 深夜労働の時間数$$

② 日給制の場合

(1) 時間外労働の割増賃金

$$\left[\frac{日給}{1\,日の所定労働時間数} + \frac{役職手当 + 資格手当 + ○○手当 + ○○手当}{1\,か月の平均所定労働時間数}\right]$$

$$\times\ 1.25 \times\ 時間外労働の時間数$$

(2) 休日労働の割増賃金（法定休日に労働させた場合）

$$\left[\frac{日給}{1\,日の所定労働時間数} + \frac{役職手当 + 資格手当 + ○○手当 + ○○手当}{1\,か月の平均所定労働時間数}\right]$$

$$\times\ 1.35 \times\ 法定休日労働の時間数$$

（3）深夜労働の割増賃金（午後 10 時から午前 5 時まで）

$$\left[\frac{日給}{1日の所定労働時間数} + \frac{役職手当 + 資格手当 + ○○手当 + ○○手当}{1か月の平均所定労働時間数}\right]$$

$$\times\ 0.25\ \times\ 深夜労働の時間数$$

3. 前項の 1 か月の平均所定労働時間数は、次の算式により計算する。

〔（365（※）－ 年間所定休日日数）× 1 日の所定労働時間〕÷ 12

※うるう年は 366

9. 割増賃金

❶　割増賃金とは？

　法定労働時間を超えて働く場合、また法定休日に働く場合には、割増賃金の支払いが必要です。

　残業代（割増賃金）の計算方法の原則ですが、月給者であっても日給者であっても、まずは時間単価を計算し、それに対して割増率をかけて算出します。

	割増率
法定労働時間超（1 日 8 時間 1 週 40 時間）	25%
法定休日（週 1 日もしくは 4 週 4 日）	35%
深夜労働（22 時〜5 時）	25%

❷　時間単価の算出方法

①時給者

　時給は賃金の基本となります。

　都道府県ごとに最低賃金がありますので、最低賃金を下回らないようにしましょう。また、最低賃金は毎年10月1日頃に見直しがあります。

②日給者

　日給 ÷ 1日の所定労働時間 = 時間単価

　日給者であっても、決まった時間以上については、残業代の支払いが必要になります。

③月給者

　算定基礎賃金 ÷ 月平均所定労働時間 = 時間単価

【算定基礎賃金】

　残業代計算の元になる賃金ですが、これは基本給だけで計算するわけではありません。原則、毎月お支払する給与全額をベースに計算をします。ただし、そこから抜いていい賃金というものがあります。これは下記のとおり限定列挙で法律で決まっています。（労働基準法第37条第5項　労働基準法施行規則第21条）

・家族手当

・通勤手当

・別居手当

・子女教育手当

・住宅手当（住宅の費用に応じて支払う場合をいいます）

・臨時に支払われた賃金

・1か月を超える期間ごとに支払われる賃金

【月平均所定労働時間】

365日（うるう年は366日）− 年間休日数 = 年間労働日数 ……………A

1日の所定労働時間 ………………………………………………………B

A × B ÷ 12か月 = 月平均所定労働時間

（例）　年間休日 100 日　　所定労働時間 7 時間 30 分

$365 - 100 = 265 \cdots\cdots$ A

7.5 時間 $\cdots\cdots\cdots\cdots\cdots\cdots$ B

$265 \times 7.5 \div 12 = 165.6$

計算例

	基　本　給	200,000 円			基　本　給	200,000 円
	職長手当	30,000 円			職長手当	30,000 円
○	家族手当	10,000 円	⇒		算定除外賃金	
○	住宅手当	10,000 円			〃	
	合　　計	250,000 円			合　　計	230,000 円

230,000 円 ÷ 165.6 ≒ 1,389 円（1 時間あたりの単価）

> ポイント
> 基本給だけで計算をしないこと
> 除外していい賃金かを確認すること

【残業計算方法】

（例）始業 8 時　終業 17 時　休憩 2 時間　所定労働時間　7 時間の会社
時給　1,200 円の場合

① 18 時まで残業した場合

8 時　　　　　　　　　　　17 時　　18 時

　1 時間の残業

法定労働時間内（8 時間以内）の残業なので、割増率は不要。

1,200 円の支払いで大丈夫です。もちろん、7 時間（所定労働時間）
を超えたところから割増で払っても問題ありません。

② 20 時まで残業した場合

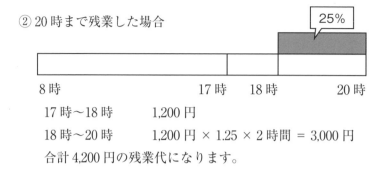

8 時　　　　　　　　　17 時　18 時　　　　　20 時

17 時〜18 時　　　　1,200 円

18 時〜20 時　　　　1,200 円 × 1.25 × 2 時間 = 3,000 円

合計 4,200 円の残業代になります。

③ 24 時まで残業した場合

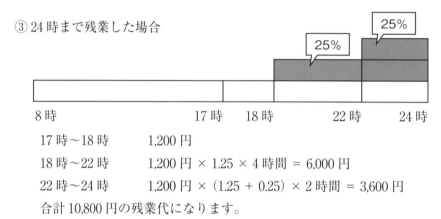

8 時　　　　　　　　　17 時　18 時　　　　22 時　　　24 時

17 時〜18 時　　　　1,200 円

18 時〜22 時　　　　1,200 円 × 1.25 × 4 時間 = 6,000 円

22 時〜24 時　　　　1,200 円 ×（1.25 + 0.25）× 2 時間 = 3,600 円

合計 10,800 円の残業代になります。

【割増率 50% 以上の考え方】

　働き方改革関連法の中で、2023 年 4 月からは、先ほど解説した 25%
の割増率が、月の残業時間が 60 時間を超えたときに 50% 以上の割増率
で払わなくてはいけないことになっています。具体的にカレンダーで見
ていきます。

（例）下記のカレンダーのような時間外労働が行われた場合

● 1 か月の起算日は毎月 1 日。休日は土曜日および日曜日、法定休日は
　日曜日（法定休日労働の割増賃金率は 35％）とする。

日	月	火	水	木	金	土
	1 5 時間	2 5 時間	3	4 5 時間	5 5 時間	6
7 5 時間	8 5 時間	9	10 5 時間	11	12 5 時間	13 5 時間
14	15	16 5 時間	17	18 5 時間	19	20
21	22 5 時間	23 5 時間	24 5 時間	25	26	27
28 5 時間	29	30 5 時間	31			

月 60 時間を超える
時間外労働

割増賃金率は、日曜日を法定休日と定めているので、以下のとおりとな
ります。

■時間外労働（60 時間超）　　　　　24・30 日 ＝ 50％
■法定休日労働　　　　　　　　　　　7・28 日 ＝ 35％

【日給者であっても残業代】

　日給者であっても、法定労働時間を超えて、または法定休日に働くの
であれば、残業代は必要です。たとえば、1 日 8 時間労働の会社だとし
ます。月曜日から金曜日までお仕事をすれば、すでに金曜日の時点で
40 時間労働をしたことになります。ということは、土曜日の出勤は日
給であっても 40 時間を超える労働となるため、時間外労働となり、割
増で支払いが必要になります。

10.　平均賃金の計算方法

❶　平均賃金を使うとき

①解雇予告手当
②休業手当
③年次有給休暇の賃金
④休業補償等の災害補償
⑤減給制裁の制限

❷　平均賃金の計算方法

　平均賃金は、直前の賃金締切日以前 3 か月に支払われた賃金額を基に算出します。

　下記計算方法のいずれか高い方を使います。

■原　　則

$$平均賃金額 \ = \ \frac{直前3か月間の賃金総額（支給総額）}{3か月間の総日数（暦日数）}$$

ただし、算定期間中に産前産後の休業期間がある場合などの例外については計算方法が異なります。

■最低保障

賃金が日給、時間給、出来高給で決められている場合

$$\frac{直前3か月間の賃金総額（支給総額）}{3か月間の労働日数} \times 0.6$$

ただし、賃金の一部が月給で決められている場合などについては計算方法が異なります。

第11章　賞与

第58条（賞　　与）
　　会社は、会社の業績、従業員各人の査定結果、会社への貢献度等
　を考慮して、賞与を支給するものとする。ただし、会社の業績状況
　等により支給しないことがある。
　2. 賞与の支給対象者は、賞与支給日において在籍する者とする。

1. 賞与について

　毎月支払う給与と違い、賞与は法律的な支払い義務はありません。た
だ、支払うのであれば就業規則への記載が必要です。

❶　支給対象者

　会社が任意に決定することができます。たとえば、試用期間中の者は
対象にならない、支給日に在籍した者に支給する等、対象者を明記して
いないと、支給日直前に退職をした人から賞与の支払い請求がくること
も考えられます。

❷　細かく決めすぎない

　賞与はあくまで会社の業績次第という会社がほとんどだと思います。
そのため、「7月と12月に支給する」と断言する規定するよりも、「会社
の業績等により支給しないことがある」との一文は必ず記載しましょう。

第12章　退職金

第59条（退職金等）

　会社は、従業員の勤続年数、勤務成績、業績等を考慮して退職金または退職慰労金を支給することがある。

2. 従業員が懲戒解雇に処せられた時は、退職金の全部または一部を支給しない。退職後の場合であっても、在職中の行為が懲戒解雇事由に該当すると判明した場合、退職金の全部または一部を支給しない。この場合、すでに支払っているものについては会社は返還を求めることができる。

1. 退職金について

　賞与と同様に法律的義務はありません。そのため、会社として退職金をどう考えていくか？　ということがポイントになります。従業員の方に長く働いてほしいのであれば、退職金はモチベーションの1つとなっていきます。

　また退職金の決定方法は、大きくわけると確定給付型と確定拠出型にわけることができます。確定給付型とは、何年働いたらいくらくらいもらえるといった、退職金額を約束している退職金制度です。それに対して確定拠出型というのは、代表的なものには中小企業退職金共済や401Kといった制度があります。これは将来の退職金額を約束するものではなく、毎月の掛け金額を補償するものです。終身雇用の時代は将来

を約束する退職金制度でもよかったかもしれませんが、終身雇用も崩壊
し、また企業にとっても、20 年、30 年先のお金を約束することは、リ
スクが大きいともいえます。そのため、毎月の掛け金を約束する確定拠
出型の退職金制度は、中小企業には導入しやすい制度ともいえます。建
設業の場合は建設業退職金共済（建退共）や、中小企業退職金共済（中
退共）に加入されているケースが多いようです。

（例）中退共の加入例

　毎月、最低 5,000 円から加入できますが、勤続年数や役職によって掛
金を変える等会社によって運用を決めることができます。

パターン 1　勤続年数

勤続年数	掛金（月額）
3 年〜10 年	5,000 円
11 年〜15 年	7,000 円
16 年〜20 年	10,000 円
20 年以上	15,000 円

パターン 2　役職

役職	掛金（月額）
一般職	5,000 円
職長職クラス	7,000 円
管理職	10,000 円

第 13 章　災害補償

第 60 条（災害補償）

　従業員が業務上負傷し、または疾病にかかったときは、労働基準法の規定に従って次の各号の補償を行う。

① 療養補償　　　　　　　　必要な療養の費用

② 障害補償　　　　　　　　障害の程度で決定される額

③ 休業補償　　　　　　　　平均賃金の 60％

④ 遺族補償　　　　　　　　平均賃金の 1,000 日分

⑤ 葬祭料　　　　　　　　　平均賃金の 60 日分

⑥ 打切補償　　　　　　　　平均賃金の 1,200 日分

2. 補償を受けるべき者が同一の事由について労働者災害補償保険法によって前項の災害補償に相当する保険給付（打切補償については傷病補償年金の支給）を受ける場合においては、その給付の限度において前項の規定を適用しない。

3. 業務上の災害による休業は、治癒するまで公傷休業として取り扱う。

4. 遺族補償および葬祭料は、労働基準法施行規則に定める順位によって補償する。

5. 従業員が業務外の傷病に罹った場合は、健康保険法により扶助を受けるものとする。

1. 災害補償

　業務上の負傷・疾病の場合は、労働基準法の規定で補償の割合が決まっています。この補償は労災保険から出るため、直接会社が休業補償等を支払うことはありません。ただし、休業する場合の最初の 3 日間は、労災保険からの休業補償が行われないため、会社は労働基準法に基づき、平均賃金の 60％以上の休業補償をしなくてはいけません。

2. 労災かくし

　建設業は重層請負の関係性から、下請工事の作業中に労災が発生した場合、それを報告しないケースがあります。いわゆる労災かくしです。労災かくしは、罰金の対象にもなります。また、その場で労災を使わず、後になって後遺障害が出たとしてもその当時のケガによるものなのか、立証することが難しくなります。労働者が安心して働くためにも適正な対応手続きが必要です。

第14章　安全衛生

> 第61条（安全および衛生）
> 　会社および従業員は、安全衛生に関する諸法令および会社の諸規程を守り、災害の防止と健康の保持増進に努めなければならない。

1. 安全配慮義務

　安全配慮義務とは、労働者が安全で健康に働けるよう、企業側が配慮すべき義務のことをいいます。安全配慮義務には大きく分けて「作業環境」と「健康管理」があります。作業環境は、仕事する上で危険はないかを確認することをいいます。健康管理は、代表的なものでいうと長時間労働を未然に防ぐことがあり、長時間にわたる過重な労働が、労働が身体に及ぼす影響は大きいとされています。

　また安全配慮には、心の健康も含まれます。心の健康とは、ストレスや不安のない状態のことです。特に最近では、長時間労働による体の不調やハラスメントによるうつ病等、会社としても十分に配慮する必要があります。

> 第64条（安全衛生教育）
> 　従業員に対し、雇入れの際および配置換え等により作業内容を変更した場合、その他必要に応じて、従事する業務に必要な安全および衛生に関する教育を行う。

2.　従業員は、会社が特に認めた場合を除き、前項の安全衛生教育を
　　受ける義務があり、かつ受けた事項を遵守しなければならない。

2.　安全衛生教育

　労働安全衛生法第 59 条では、事業主に対して労働者を雇い入れたと
きや作業内容を変更したときおよび一定の危険有害作業へ従事させると
きは安全衛生教育を行わなくてはいけないことになっています。

第 66 条（健康診断等）
　　従業員には毎年 1 回以上の健康診断を行う。法に定められた者は
　6 か月に 1 回実施する。
2.　従業員はこの健康診断の受診および結果を使用者へ通知すること
　　を拒否することができない。
3.　健康診断結果の情報は安全配慮義務を果たす関係上、使用者が一
　　括して管理を行う。よって、従業員個人に健康診断結果が通知され
　　た場合でも、従業員はその結果を使用者へ提出する義務を負う。
4.　従業員は、健康診断の結果に異常の所見がある場合には、使用者
　　の指定する医師による再検査を受診しなければならない。
5.　従業員が、正当な理由なく前項の再検査を受診しない場合、使用
　　者は当該従業員に対し、就業禁止の措置をとる場合がある。
6.　健康診断の結果、特に必要のある場合は就業を一定の期間禁止し、
　　または職場を配置替えすることがある。
7.　使用者は、第 1 項の定期健康診断および第 4 項の再検査以外にも、
　　従業員に対し、健康診断の受診ないし使用者の指定する医師への検
　　診を命じることがある。

3.　健康診断の種類

　労働安全衛生法により、「事業者は、労働者に対し、厚生労働省令で定めるところにより、医師による健康診断を行わなければならない。」と規定されています。

一般健康診断 {
雇入時健康診断　入社時
定期健康診断　　年1回
※深夜業に従事する者で、6か月を平均したときに1か月あたり4回以上深夜業に従事した者は、年2回
}

特殊健康診断　粉じんや有機溶剤を取り扱う等の有害業務従事者

4.　義務

会社　　健康診断実施義務　結果を5年間保管　費用負担
従業員　健康診断受診義務
　　　　会社が実施する健康診断を受診しない場合は、その結果を会社に通知

5.　対象者

　常勤でフルタイムだけの者でなく、1年以上継勤務をしていて、1週間の所定労働時間が通常の労働者の3/4以上の者も対象になります。
（例）会社の1週間の所定労働時間が40時間の会社であれば1週間で30時間勤務する人も対象になります。

6. 健康診断は業務命令

　会社と従業員は、労務の提供をし、それに対して賃金を支払うという雇用契約を結びます。この周りにはいくつかの権利と義務があり、使用者は「安全配慮義務」を担うことになります。会社は労働者に働いてもらう以上、安全や健康を脅かす状態であればそれを取り除く義務があります。健康診断の結果がよくなかったりすると、会社へ診断書を出さなかったり、再検査となっていても再検査を受けない人がいます。会社はこのような状況の人を放置してはいけません。万が一、そのような健康状態がよくない従業員を会社が働かせ続けていて、その方がケガや病気にでもなれば、使用者として安全配慮義務を問われることになります。「本人が行きたくないから」は理由になりません。何かがあれば会社が責任を問われますので、要注意です。

7. 使用者の義務

　健康診断の結果により作業の転換、労働時間の短縮、深夜業の回数の減少等の措置をとらなくてはいけません。

第 67 条（就業禁止）
　従業員が、感染症の予防及び感染症の患者に対する医療に関する法律（感染症法）に定める病に罹った場合は、必要な期間就業を禁止することがある。
2. 従業員は同居の家族が感染症法に定める病に罹り、またはその疑いのある場合には、直ちに使用者へ届け出て必要な指示を受けるものとする。
3. 会社は、法令に定める危険または有害な業務もしくは重量物を取

り扱う業務に女性および年少者である従業員を就かせない。
4.　法令に定める危険業務に必要な技能または経験のない従業員を就
　　かせない。

8.　就業禁止

　労働安全衛生規則第 61 条により、「病毒伝ぱのおそれのある伝染性の
疾病にかかった者については、その就業を禁止しなければならない。た
だし、伝染予防の措置をした場合は、この限りでない。」とあります。
この場合、感染した従業員を会社が任意に休業させた場合、行政の要請
等により休業をさせた場合には会社に賃金支払いの義務は生じません
が、国による措置を超えて、会社が独自に休みを命じた場合には、賃金
（休業手当）の支払義務は発生することになります。

第 15 章　雑則

第 68 条（改　　定）

　この規則に定められる労働条件および服務規律等は、法律の改正および経営環境の変化、その他の業務上の必要性により変更することがある。

2.　この規則を改定する場合は、会社の全従業員の過半数を代表する者の意見を聴いて行うものとする。

第3部

労働時間管理について

1. 働き方改革〜労働時間の上限規制について〜

❶　いつからスタート？

　2019 年 4 月より働き方改革関連法が順時施行されていますが、その
中の 1 番の目玉は、時間外労働の上限規制です。大企業は 2019 年 4 月、
中小企業は 2020 年 4 月から施行されました。ただし、建設業において
は、2024 年 4 月からの施行となります。

❷　なぜ建設業が 5 年遅れなのか？

　そもそもの 36 協定の制度を確認していきます。労働時間の大原則と
して、法定労働時間（1 日 8 時間、1 週 40 時間）、法定休日（毎週少な
くとも 1 日）を超えて働くことはできません。しかし、法定労働時間を
超えて仕事をするのであれば、36 協定といって、法定労働時間を超え
て働く時間の限度を、使用者と労働者とで話し合いをし、その時間を労
働基準監督署に届け出なくてはなりません。元々この時間外労働の上限
は、原則 1 か月 45 時間、1 年で 360 時間という決まりがあります。た
だし、この原則にも例外があり、臨時的に限度時間を超えてしまうこと
が予想される場合には「特別条項付き」という 36 協定を提出すると、
現実的には無制限に残業ができてしまうというのが実態でした。この状
況を変えていくため、臨時的な特別な場合であっても上限を決めていこ
うというのが、時間外労働の上限規制になります。

　ただし、建設業は、この原則の適用除外業種となっています。要は、
残業の上限時間については決めなくてはいけないが、上限の限度の規制
のない業種となります。そのような理由から、他業種より 5 年遅れで施
行されることになりました。

❸ 上限規制の内容

　時間外労働の原則1か月45時間・年間360時間は、今までとは変わらず、臨時的な特別な事情がなければ、これを超えることはできなくなります。この臨時的な場合であっても、下記の基準を守る必要があります。
　　□時間外労働が年720時間以内
　　□時間外労働と休日労働の合計が月100時間未満
　　□時間外労働と休日労働の平均が、2か月平均、3か月平均、4か月平均、5か月平均、6か月平均がすべて80時間以内
　　□時間外労働が月45時間を超えるのは年6回が限度

❹ 罰則

　6か月以下の懲役または30万円以下の罰金

■ 上限規制への対応・チェックポイント

□①「1日」「1か月」「1年」のそれぞれの時間外労働が、36協定で定めた時間を超えないこと。

✔ 36協定で定めた「1日」の時間外労働の限度を超えないよう日々注意してください。

✔ また、日々および月々の時間外労働の累計時間を把握し、36協定で定めた「1か月」「1年」の時間外労働の限度を超えないよう注意してください。

□②休日労働の回数・時間が、36協定で定めた回数・時間を超えないこと。

□③特別条項の回数（＝時間外労働が限度時間を超える回数）が、36協定で定めた回数を超えないこと。

✔ 月の時間外労働が限度時間を超えた回数（＝特別条項の回数）の年度の累計回数を把握し、36協定で定めた回数を超えないよう注意してください。

□④月の時間外労働と休日労働の合計が、毎月100時間以上にならないこと。

□⑤月の時間外労働と休日労働の合計について、どの2～6か月の平均をとっても、1月あたり80時間を超えないこと。

> ！ たとえば、時間外労働と休日労働を合計して80時間を超える月が全くないような事業場であれば、①～③のポイントだけ守ればよいことになります。

128

2. 働き方改革〜労働時間の状況の把握の実効性確保〜

❶ いつからスタート？

　「労働時間の状況の把握の実効性確保」は、2019 年 4 月 1 日から施行されています。労働時間の状況の把握の実効性確保とは、現認や客観的な方法による労働時間の把握を義務化するというものです。いわゆる時間の記録です。この時間の記録とは、実際に何時から何時まで働いたか？　ということを労働者ごとに日々記録をすることをいいます。建設業の場合、雨、台風等の自然相手の業務であるため、時間管理がなじまない業界ではありますが、労働者である以上は、すべての方が労働法の対象となり、時間の記録をしなくてはいけません。時間管理に、建設業だからといった例外はありません。今までのような出面表での管理ではなく、始業と終業の記録を残してください。

　　➡⇨ 巻末資料　様式 7　出勤簿

❷ 時間管理のポイント

　□始業と終業の時刻を記録する！！
　□管理監督者も対象！！
　□できる限り客観的な方法で！！
　　（例）・職長などが、何時から何時まで働いたか記録をする
　　　　　・タイムカードの打刻
　　　　　・スマートフォンのアプリ等での記録

■ 労働時間の適正把握のガイドライン

■使用者には労働時間を適正に把握する責務があること

【労働時間の考え方】

○ 労働時間とは使用者の指揮命令下に置かれている時間であり、使用者の明示または黙示の指示により労働者が業務に従事する時間は労働時間にあたること

○ たとえば、参加することが業務上義務づけられている研修・教育訓練の受講や、使用者の指示により業務に必要な学習等を行っていた時間は労働時間に該当すること

【労働時間の適正な把握のために使用者が講ずべき措置】

○ 使用者は、労働者の労働日ごとの始業・終業時刻を確認し、適正に記録すること

  (1) 原則的な方法

    ・使用者が、自ら現認することにより確認すること

    ・タイムカード、IC カード、パソコンの使用時間の記録等の客観的な記録を基礎として確認し、適正に記録すること

  (2) やむを得ず自己申告制で労働時間を把握する場合

    ① 自己申告を行う労働者や、労働時間を管理する者に対しても自己申告制の適正な運用等ガイドラインに基づく措置等について、十分な説明を行うこと

    ② 自己申告により把握した労働時間と、入退場記録やパソコンの使用時間等から把握した在社時間との間に著しい乖離がある場合には実態調査を実施し、所要の労働時間の補正をすること

    ③ 使用者は労働者が自己申告できる時間数の上限を設ける等適正な自己申告を阻害する措置を設けてはならないこと。さらに 36 協定の延長することができる時間数を超えて労働しているにもかかわらず、記録上これを守っているようにすることが、労働者において慣習的に行われていないか確認すること

○ 賃金台帳の適正な調製

  使用者は、労働者ごとに、労働日数、労働時間数、休日労働時間数、時間外労働時間数、深夜労働時間数といった事項を適正に記入しなければならないこと

※厚生労働省「労働時間の適正な把握のために使用者が講ずべき措置に関するガイドライン」より抜粋

❸ 使用者の責任は？

　労働時間を適正に把握する責任は使用者にあります。労働時間が使用者の指揮命令下にある時間である以上、管理も使用者の義務です。始業時間は 8 時にもかかわらず、7 時 30 分から掃除や朝礼をやることが義務なのであれば、就業規則の始業時間が 8 時であろうとも、7 時 30 分が労働時間としてのスタートになります。

　また、「事務所に戻ってきても、しゃべってばかりで帰らないんだよ」と話す経営者の方がいます。経営者からみれば、その時間は仕事をしていないため労働時間ではないと思うかもしれません。ただそのままタイムカードを打刻し、あとから残業代請求となった場合、会社は「しゃべっていたから労働時間ではない」と言い切れるのでしょうか？　現実的には、あとから 1 日 1 日のタイムカードの内容を検証するのは難しいといえます。

　日々「仕事が終わったのであれば帰りなさい」、「時間外労働が必要であるならきちんと申告しなさい」、経営者からみて実際働いていないというのであれば、その場で仕事時間と休憩時間の区別をつけなくてはいけません。ダラダラ残業であっても、会社が注意もなく、それを見ていたというのであれば黙認（残業を認めている）ということになりかねませんので注意が必要です。

3.　労働時間について

❶ 労働時間とは？

　労働時間は「使用者の指揮命令下にある時間」をいいます。建設業の場合、天候に左右されることや日給制が多いということから、時間管理という概念が低く、仕事は始まってから終わるまでといった感覚であっ

たかと思います。ただ、今後は、他業種と同様に労働法が厳しく適用されていきます。そのため一つひとつについて確認をしていきましょう。

（労働時間とされるもの）
□新規入場者教育　　労働安全衛生規則第642条の3に定めのある教育
□朝礼
□手待ち時間　　　　いつでも対応できる状態にいるため
□後片付け
（労働時間とされないもの）
■タバコ休憩、お茶休憩
■通勤時間

【移動時間の取扱い】

1日の流れ（技能労働者）
　　　　　8h労働（朝礼0.5h 作業時間7h＋片付け0.5h）

	7:30	8:30	9:00		12:00	13:00		17:30	18:00	19:00	19:30
出社	1.0h	0.5h	2.75h		1.0h	4.25h		0.5h	1.0h	0.5h	
置き場	現場移動	朝礼	作業時間（休憩15分）		昼休憩	作業時間（休憩15分）		片付け	置き場移動	翌日段取	

従業員としての拘束時間12.0h（実働時間11.0h＝残業3h）

　職種によっても異なりますが、一般的には、朝会社の事務所や置き場により、乗り合いで車に乗車し現場に向かいます。また現場が終了すると、同じ車に乗り会社事務所へ戻ってくるケースが多いと思います。この現場への移動時間を通勤と扱うか？　労働時間として扱うか？　ということで2024年からの上限規制に対応できるか？　また残業代の支払いができるか？　という大きな問題になってきます。

　経営者側からみれば、車に乗っているだけの時間で働いていないから

労働時間ではないと主張されるでしょうし、労働者側からみれば、この移動時間もかなりの拘束時間となるため、労働時間として扱ってほしいと思うはずです。

　この移動時間は労働時間に該当するのでしょうか？　すでに解説したとおり、労働時間は使用者の指揮命令下の時間をいいます。建設現場に直行であれば、通勤時間と同様に考えられ労働時間には該当しません。それには、会社が、誰が運転をするか、何時に待ち合わせをするのか等を決めたのではなく、労働者間で決めてもらう必要があります。

　移動について、移動者間で取決めをしたのであれば、通勤としての性質が強く労働時間にはあたらないと判断された判例もあります。（阿由葉工務店事件　東京地裁　平成14年11月15日）それに反し、集合時間を指示し、その日の段取りをして、積み込み作業をしてからの移動ということであれば、この移動時間は労働時間となります。要は、会社の車両を使うかどうかではなく、その現場までの移動が、会社が義務付けたかどうかで、労働時間かどうかが決まります。

　ただ、現実的に小型クレーンのオペレーターや、足場の必要なとび職等は作業に必要な道具を運ぶため、その際の移動を通勤時間と判断するのは難しいでしょう。

　現状、経営者としてこの移動時間を労働時間にカウントをしていくと、残業代の問題や上限規制の問題をクリアしていくことが難しくなるため、まずはメリハリのある時間管理をしていくことが先決です。

　しかしながら、今後、この業界に若い人を入れていくためには、この現場への移動時間も労働時間にカウントしていくことが、安心感につながるはずです。日給単価も上がらない中で、すべて労働時間としていくことは難しいことだとは思いますが、2024年の上限規制が適用になるまでを目標に取り組んでほしいと思っています。

4. 変形労働時間

　最近では、4週6閉所、4週8閉所という言葉をよく聞きますが、未だ土曜日に動いている現場もあり、現場が動いている以上働かなくてはならないのが現状かと思います。しかし、建設業だけが労働時間の適用除外というわけにはならず、まずは、会社の労働時間を法定内におさえる必要があります。ここで、1日8時間、1週40時間の原則を、少しフレキシブルに考えられる制度をご案内します。

❶　1年単位の変形労働時間制

　労使協定を締結して、1年単位の変形労働時間制を採用すれば、1年間の労働時間を平均して1週40時間の範囲内で、その間に40時間を超える週、8時間を超える日があっても構いません。労使協定で定める内容は次の5項目です。

1. 1年単位の変形労働時間制を適用する従業員の範囲
2. 1年単位の変形労働時間制の対象とする期間（通常は1年間）
3. 特定期間（特に忙しい期間）
4. 年間の出勤日と出勤日ごとの労働時間
5. 労使協定の有効期間

必要年間休日数

所定労働時間	必要休日数
8時間	105日
7時間30分	87日（うるう年88日）
7時間	85日

年 間 休 日 カ レ ン ダ ー

2020 年　　　　　　　　　　　　　　　　　　　　　　　　○○工業株式会社（工事）

休日 祝日 ■	年間休日日数	88 日
	年間労働日数	278 日
	1日所定労働時間	7時間30分
	年間労働時間	2085時間00分
	週平均労働時間	39時間53分

　このカレンダーを見ていただくと、この会社の所定労働時間は7時間
30分。2020年はうるう年となるため、必要な年間休日数は88日となり
ます。このカレンダーを作る手順として、原則、現場は日曜日がお休み
のため、日曜日に印をつけ、その後年末年始、夏季休暇、祝日等会社の

お休みを定めていきます。そして最後に足りない休日数を土曜日に一部あてていく形で、作成していきます。これであれば週休2日でなくても法律をクリアすることができます。

❷　1か月単位の変形労働時間制

所定労働時間は1か月を平均し、1週間あたり週法定労働時間を超えない範囲で設定することができます。

1か月の労働時間の総枠は次のとおりとします。

区分	労働時間の総枠
1か月の日数31日	177時間
1か月の日数30日	171時間
1か月の日数29日	165時間
1か月の日数28日	160時間

法定労働時間の総枠の計算方法は、40時間 ×（1か月（（変形期間））の暦日数 ÷ 7日）。所定労働時間の総枠は、これを超えないようにする。

1か月単位の変形労働時間制は就業規則に記載すれば採用できるので、導入が簡単です。労使協定がなくても採用できます。

5. 働き方改革～月60時間超の時間外労働の割増率の引上げ～

2023年4月からは、1か月の残業が60時間を超えた場合、通常の時間外労働の割増率の25％ではなく、50％増で支払わなくてはいけないことになりました。建設業の時間外労働の上限規制は2024年4月以降のため、2024年に焦点をあてていらっしゃる会社の方が多いのですが、実務に影響が出るのは2023年4月からです。割増賃金の請求権は、労働者にあります。2019年からスタートした「働き方改革」により、一般の方でも十分に労働基準法の知識をもっています。当然の権利として請求されるでしょう。この時には、労働時間のところで説明したとお

り、どこまでが使用者の指揮命令下の時間＝労働時間かを明確に判断できるようメリハリある時間管理をしていきましょう。この管理がされていなければ、2023年には未払い残業代の請求件数が増えることは間違いありません。

6. 労働時間のルールを決めよう！！

どこからスタートしていいかわからないという場合、次のような手順で進めてみてください。

| STEP1 | 所定労働時間の確認

まずは、始業、休憩、終業時間を確定し、1日の所定労働時間は何時間を決定しましょう。

□始業時間

朝は何時からが仕事のスタートですか？

朝礼、掃除が毎日の決まりであればその時間が始業時間です。

□休憩時間

昼休憩は何分ですか？

午前・午後に休憩はありますか？

□終業時間

夕方は何時までですか？

現場で終了ですか？

事務所に戻り日報作成や片付けありますか？

次の日の積み込み準備はありませんか？

| STEP2 | 休日の確認

まずは会社の休日を洗い出してみましょう。

□日曜日

□祝日

□年末年始

□夏季休暇

□ゴールデンウィーク

□土曜日

　会社の休日を確定させましょう。

　1 日 8 時間労働であれば週休 2 日が必要ですが、たとえば 1 日 6.5 時間労働の会社であれば、6.5 × 6 日 = 39 時間となり、1 週 40 時間に納まりますので、週 1 日の休日でも大丈夫です。週休 2 日が難しい場合は先ほどご案内した 1 年単位の変形労働時間制を導入することも考えられます。

STEP3　36 協定の作成と届出

　労働時間、休日が確定すると、どこまでが会社の労働時間でどこからが残業なのかが明確になります。実際の時間外労働がどれくらいあるのか、まずは現状把握です。建設業の時間外労働の上限規制は 2024 年 4 月からです。それまでにスケジュールをたて、時間外労働を削減していきましょう。

STEP4　労働時間の管理

　時間管理をされていない会社の場合、時間管理は必須です。タイムカードでなくても構いません。適正な時間管理をしていきましょう。

STEP5　有給休暇の整備

　有給休暇の年 5 日取得義務はすでにスタートしています。まずは有給の管理簿を作成し、個々人の有給日数を算定しましょう。次は社内での取り方のルール決めをしてみましょう。取れないではなく、取れる工夫をしていきましょう。

STEP6 就業規則の整備

　社内の体制を整える上で重要なことが就業規則の作成です。労使ト
ラブルを防ぐためにも、またルールの明確化により働きやすい職場を
作るためにも、ぜひチャレンジしてみてください。

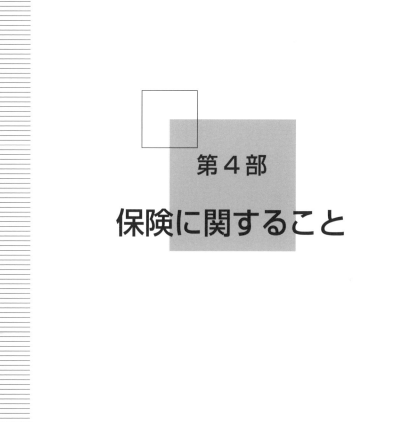

第4部

保険に関すること

就業規則は労働法に関することです。ただ、従業員を雇用する上では、保険加入についても理解が必要です。保険は、労働法と法律が違いますので、保険についてまとめて解説をします。

1. 社会保険とは

社会保険と一言で言われていますが、実際には労働保険と社会保険にわかれ、さらに細分化されています。保険によって法律が違うため、適用の範囲もそれぞれの法律で異なっています。

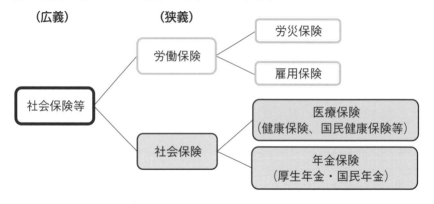

2. 労働保険の適用基準

❶ 労災保険と雇用保険

労働保険は労災保険と雇用保険の2種類です。いずれも労働者の方が対象となり、経営者は対象になりません。労災保険と雇用保険はそれぞれ法律が違うため、適用になる範囲も違ってきます。

	労災保険	雇用保険
加入事業所	労働者を使用するすべての事業所	雇用保険該当者を使用する事業所
被保険者	×代表取締役、役員 ○名称を問わず、賃金をもらう者（アルバイト、外国人、日雇等）	×代表取締役、役員 ×同居の親族 ○ 31 日以上働く見込みがあり、1 週間に 20 時間以上働く者
保険料	全額事業主負担 建設業の場合、現場は元請一括労災 業種により保険料率決定 賃金総額×保険料率	会社と個人で折半 　建設の事業の場合 　事　業　主　9/1000 　被保険者　5/1000

雇用保険の被保険者が 1 人でもいれば、個人事業であっても、法人であっても適用事業所になります。

❷　元請労災について

　建設業の場合、1 つの工事において事故が起きた場合、元請の労災を使います。

　ただし、労災の対象者は労働者のみが対象となるため、下請の事業主や一人親方は、実際に現場で事故が起きた場合でも、元請労災を使うことができません。そのため事業主や一人親方の場合は、特別加入制度といい、自分で掛け金額を決め、労働者と同じ労災保険制度を使えるようにしています。

■ 元請労災が適用される人・されない人

○……適用される
×……適用されない

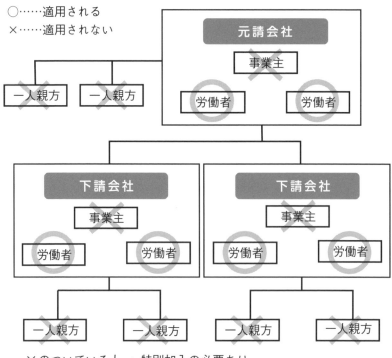

×のついている人 → 特別加入の必要あり

3. 社会保険（健康保険・厚生年金保険）について

　社会保険には医療保険と年金保険があります。労働保険は働く個人個人で対象者を確認していきましたが、社会保険については、まず、その会社が社会保険（健康保険・厚生年金保険）の適用事業所かどうかを確認し、適用事業所となれば、その会社の中でだれが対象者かを判断します。

❶　社会保険（健康保険・厚生年金保険）の適用事業所

　社会保険（健康保険・厚生年金保険）に加入義務があるのは、法人の

事業所と従業員が5人以上いる個人事業所となります。ただし、日本は国民皆保険となり、何等かの保険制度に加入することになっているため、社会保険（健康保険・厚生年金保険）へ加入しない場合は、国民健康保険と国民年金に加入することになります。

	医療保険		年金	
	健康保険	国民健康保険	厚生年金	国民年金
法人	○		○	
従業員5人未満の個人事業所		○		○
従業員5人以上の個人事業所	○		○	
一人親方		○		○

・法人または5人以上の従業員のいる個人事業主　→　強制適用事業所
・従業員5人未満の事業所　→　任意適用事業所
・任意適用事業所が社会保険に加入するためには、従業員の1/2以上の同意が必要
・優先順位として①健康保険　　　＋　厚生年金（強制適用事業所）
　　　　　　　　②国民健康保険　＋　国民年金（強制適用事業所以外）
　　　　　　　　③組合国保　　　＋　厚生年金 ※
※元々組合国保に加入していた事業所（任意適用事業所）が、法人成をしたことで強制適用事業所に変わったとしても、健康保険被保険者適用除外申請により、組合国保を継続することもできる。

❷ 社会保険（健康保険・厚生年金保険）の被保険者の加入基準

　社会保険（健康保険・厚生年金保険）の適用事業所の従業員すべてが保険に加入するわけではなく下記の方が対象となります。

【対象者】

　1週間の所定労働時間および1か月の所定労働日数が正社員の3／4以上の者

【適用除外】

- ・健康保険　75 歳以上の方
- ・厚生年金　70 歳以上の方
- ・日雇労働者
- ・2 か月以内の期間を定めて雇用される者
- ・季節的業務に 4 か月以内の期間を定めて使用される者
- ・臨時的な事業の事業所に 6 か月以内の期間を定めて使用される者

【参考資料】「社会保険の加入に関する下請指導ガイドライン」について

事業所の形態	所属する事業所		就労形態	労働保険	社会保険		
	常用労働者の数			雇用保険	医療保険（いずれかに加入）	年金保険	「下請指導ガイドライン」における「適切な保険」の範囲
法人	1人～		常用労働者	・雇用保険※3	・協会けんぽ ・健康保険組合 ・適用除外承認を受けた国民健康保険組合（建設国保等）※1	厚生年金	3保険
	－		役員等	－	・協会けんぽ ・健康保険組合 ・適用除外承認を受けた国民健康保険組合（建設国保等）※1	厚生年金	健康保険及び厚生年金保険
個人事業主	5人～		常用労働者	・雇用保険※3	・協会けんぽ ・健康保険組合 ・適用除外承認を受けた国民健康保険組合（建設国保等）※1	厚生年金	3保険
	1人～4人		常用労働者	・雇用保険※3	・国民健康保険 ・国民健康保険組合（建設国保等）	国民年金	雇用保険 （医療保険と年金保険については個人で加入）
	－		事業主、一人親方	－	・国民健康保険 ・国民健康保険組合（建設国保等）	国民年金	医療保険と年金保険については個人で加入 （但し、一人親方は請負としての働き方をしている場合に限る）※2

※1　年金事務所健康保険の適用除外の承認を受けることにより、国民健康保険組合に加入する。
※3　週所定労働時間が20時間以上等の要件に該当する場合は常用であるか否かを問わない。

※2　詳しくは、一人親方「社会保険加入にあたっての判断事例集」参照。

■ ：事業主に従業員を加入させる義務があるもの
□ ：個人で加入

出典：国土交通省

第5部
巻 末 資 料

　巻末資料として、労働契約書や入社誓約書、休暇届、出勤簿、有給休暇計画的付与の労使協定など、今すぐに役立つ13の書式を掲載しています。また、下記URL先にアクセスしていただき、ユーザーIDとパスワードを入力するとことで就業規則のサンプルおよびすべての書式サンプルをダウンロードすることができます。皆さまの責任のもとでご活用ください。

URL：https://www.chosakai.ne.jp/data/301793/
ユーザー名：chosakai　パスワード：301793

【様式 1】 労働契約書（無期契約）

労働契約書

株式会社○○建設　（以下会社という）と　△△□□　（以下本人という）とは、
以下の条件により労働契約を締結する。

雇用期間	R 2 年　4 月　1 日　～　期間の定めなし			
勤務場所	現場は前日に通知する			
仕事の内容	現場作業員			
勤務時間	1．始業　8：00　　　　　　　　終業　17：00 2．休憩時間　昼 60 分　午前・午後各 15 分　合計 90 分			
休日	日曜日、祝日、その他会社が定める日			
所定外労働	所定外労働　☑有　　□無		休日労働　　☑有　　□無	
休　暇	1．年次有給休暇　　法定通り 2．その他休暇			
賃　金	基本給	基本給　　　　　　200,000　円		
	諸手当	資格手当　　　　　20,000　円 固定残業手当　　　50,000　円（時間外労働　30 時間分含む） 通勤手当　　　　　20,000　円		
	割増賃金率	法定通り		
	賃金締切日	毎月　　　末　　　日		
	賃金支払日	毎月　　翌 15　日		
	賃金支払時の控除	☑所得税　☑雇用保険料　☑社会保険料　☑住民税		
	昇給	☑有　　□無　　4 月改定		
	賞与	☑有　　□無　　原則 7 月、12 月		
	退職金	☑有　　□無　　建退共		
退職に関する事項	1．定年制　　　　☑有　　60 才　　　　□無 2．継続雇用制度　☑有　　65 才　　　　□無 3．自己都合の退職手続き　　退職する 3 0 日前までに届出ること 4．解雇の事由および手続き　　就業規則に準ずる			
その他				

・本人は就業規則等に定める諸規則を遵守し、誠実に職責を遂行すること。

・その他、疑義が生じた場合には労働法令に従う。

年　　　月　　　日

会　社　　東京都○○区○○1-1-1
　　　　　株式会社○○建設
　　　　　代表取締役　　　　　　　　㊞

本　人　住所　東京都○○区○○2-2-2
　　　　　氏名　△△□□　　　　　　㊞

150

労働契約書

株式会社○○建設（以下会社という）と　△△□□　（以下本人という）とは、
以下の条件により労働契約を締結する。

雇用期間	R2年　1月　1日〜　R2年　6月　30日まで		
勤務場所	現場は前日に通知する		
仕事の内容	現場作業員		
勤務時間	1．始業　8：00　　　　終業　17：00 2．休憩時間　昼60分　午前・午後各15分　合計90分		
休日	日曜日、祝日、その他会社が定める日		
所定外労働	所定外労働　☑有　□無		休日労働　☑有　□無
休暇	1．年次有給休暇　法定通り 2．その他休暇		
賃金	基本給	基本給　　日給15,000 円	
	諸手当	家族手当　　　10,000　円 資格手当　　　20,000　円 通勤手当　　　実費精算	
	割増賃金率	法定通り	
	賃金締切日	毎月　　末　日	
	賃金支払日	毎月　翌月 15 日	
	賃金支払時の控除	☑所得税　☑雇用保険料　☑社会保険料　☑住民税	
	昇給	□有　☑無	
	賞与	□有　☑無	
	退職金	□有　☑無	
契約更新の有無	□自動的に更新する ☑更新する場合がある □更新しない	契約の更新の判断基準	・契約期間満了時の業務量 ・従事している業務の進捗状況 ・有期契約従業員の能力、業務成績、勤務態度 ・会社の経営状況 ・その他（　　　　　　　）
退職に関する事項	・契約更新の有無は、期間満了の1か月前までに通知する ・やむを得ない事情で、期間途中で退職する場合は30日前までに会社へ届け出ること ・やむを得ない事情で、解雇する場合は就業規則に準じて手続きを行う		

・本人は就業規則等に定める諸規則を遵守し、誠実に職責を遂行すること。
・その他、疑義が生じた場合には労働法令に従う。

　　　　　　　　　　　　　　　　　　　　　　　　　　　　年　　　　月　　　　日

　　　　　　　会　社　　　東京都○○区○○1-1-1
　　　　　　　　　　　　　株式会社○○
　　　　　　　　　　　　　代表取締役　　　　　　　㊞
　　　　　　　本　人　住所　東京都○○区○○3-3-3
　　　　　　　　　　　氏名　△△□□　　　　　　㊞

【様式３】 身元保証書

身元保証書

株式会社〇〇建設工業
代表取締役 〇〇 一郎 様

（入社者）
住所 東京都△△区〇〇〇〇
氏名 建設 工次

　今般、上記入社者が貴社に採用されるにあたり、私は、身元保証人としてその身元を
保証し、以下の事項を誓約し、その証として本書を差し入れます。

1 入社者が貴社との雇用契約、並びに貴社の就業規則及び諸規定（以下、「就業規則等」
　といいます。）を遵守し、誠実に勤務できる者であることを保証します。
2 入社者が貴社との雇用契約若しくは貴社の就業規則等に違反し、又は故意、過失その他
　入社者の責めに帰すべき事由によって貴社へ損害を与えた場合は、入社者と連帯して
　その損害を賠償します。
3 本保証の有効期間は貴社と入社者との雇用契約において定められる入社日から５年と
　します。
4 本保証に伴う賠償限度額は金　　　円とします。

2020 年　　月　　日

　　　　　　　　　（身元保証人）
　　　　　　　　　氏　名　　建設　工一　　　　　　　　　㊞
　　　　　　　　　住　所　　東京都△△区〇〇
　　　　　　　　　電話番号　03-××××-××××
　　　　　　　　　入社者との関係

【様式4】 入社誓約書

入社誓約書

年　　月　　日

○○株式会社
代表取締役　○○△△　　様

　　　貴社において就業するについては、下記の事項を厳守することを誓約致します。

記

1. 精神的・肉体的・社会的に健全であり、貴社の社員として適格性を有することを誓約します。
2. 自己の品位を維持しつつ、貴社の名誉・信用を守るため、貴社就業規則、及び諸規定を遵守し、上司の指導・命令を素直に受け入れ、且つ他の社員との協調性を重んじ、誠実に勤務致します。
3. 金銭・商品等の取り扱いについては特別の注意を払い、貴社に迷惑をかける行為は致しません。
4. 貴社在職中は、貴社の許可を得ずして他の職務に従事しません。
5. 在勤中は勿論、退職後に於いても貴社の機密事項はそれを遵守し、漏洩致しません。
6. 在職中そして退職後6か月間は、貴社と競合関係にある企業、ないし貴社と競合関係にある企業の提携先企業に就職、役員就任、その他形態の如何を問わず関与すること、又は貴社と競合する事業を自ら行うこと、その他これに準ずる行為を行うことは致しません。
7. 就業規則、法令及び本誓約内容に違反し、会社に重大な損害を及ぼしたときは、貴社就業規則により、懲戒処分を受け、あるいは解雇となることがあることを了承します。
8. 業務上の怠慢・過失、あるいは就業規則、法令及び本誓約内容に違反したり、その他不都合な行為によって貴社に損害を与えたりした場合は、直ちにそれを賠償します。
9. 賠償等に関する訴訟が発生した場合は、貴社が指定する管轄裁判所となる事に同意致します。
10. 貴社の都合による転勤・関連会社への出向等に異議はありません。
11. 身元保証人に変更があった場合は、速やかに届出致します。また、会社が身元保証人として不適格であると認めたときは、速やかに適当な身元保証人の保証書を提出致します。

以上

本人住所：＿＿＿＿＿＿＿＿＿＿＿＿＿＿＿

本人氏名：＿＿＿＿＿＿＿＿＿＿＿＿＿＿＿

【様式5】 マイカー通勤申請書

マイカー通勤使用登録申請書（新規・更新）

<u>　　○○△△　　　　　</u>殿

　私は下記理由により、通勤にマイカーを使用したいので、その承認をお願い致します。

使用理由

通勤経路

片道　　　10 Km　　／　所要時間　　時間　30 分

　　車　　　　種：

　　登録申請期間：令和　　　年　　月　　　日より令和　　　年　　月　　　日まで
　　※添付書類
　　　　①運転免許証コピー
　　　　②自賠責保険の保険証書のコピー
　　　　③任意保険の保険証書のコピー（ 対物　無制限　　対人　無制限 ）

　過去1年間に、以下の症状等があった場合には、□にチェックを入れ、申告してください。
　□意識を失ったことがある
　□身体の全部又は一部が一時的に思い通りに動かせなくなったことがある
　□活動している最中に眠り込んでしまったことがある
　□以上のような症状はなかった

　　　年　　　月　　　日

　　　　　　　　　　　　　　　申請者
　　　　　　　　　　　　　　　<u>　　　△△◇◇　　　　</u>印

【様式6】 各種届

届　書

No. _____

_____ ○○△△　殿

申請　　年　月　日　　　　　　　　　　　承認　　年　月　日

		部　長	課　長	係　長
所属	◆◆　　部(課)　係			
氏名	▲▲●●　　　　　印			

区別	○①有給休暇　○②代 休 暇　○③生理休暇　○④慶弔休暇　○⑤特別休暇 ○⑥欠　　勤　○⑦遅　刻　○⑧早　退　○⑨私用外出　○⑩出　張 ○⑪休日出勤　○⑫住所変更　○⑬結　婚　○⑭出　生　○⑮そ の 他
期間日時	年　月　日　～　年　月　日　　　日間 年　月　日 時　分　～　時　分　　　時間
事由	
連絡先	(不在中の連絡先)　　　　　　　　　　　TEL _____
添付書類	
備考	

〈注〉　届は前日までに所属長の承認を得て担当部課に提出してください。

2020 年　4 月度出勤簿

部署名：工事部　　　　　　　　　　　　　　　　氏名：　○○△△　　　　　　　印

日	始業時刻	終業時刻	労働時間				遅早欠勤時間	備考	印
			所定内	時間外	深夜	休日			
1(水)	8：00	18：00	：	0：30	：	：	：		社長
2(木)	8：00	17：30	：	：	：	：	：		社長
3(金)	9：00	18：30	：	1：00	：	：	：		社長
4(土)	休：	：	：	：	：	：	：		
5(日)	休：	：	：	：	：	：	：		
6(月)	：	：	：	：	：	：	：		
7( )	：	：	：	：	：	：	：		
8( )	：	：	：	：	：	：	：		
9( )	：	：	：	：	：	：	：		
10( )	：	：	：	：	：	：	：		
11( )	：	：	：	：	：	：	：		
12( )	：	：	：	：	：	：	：		
13( )	：	：	：	：	：	：	：		
14( )	：	：	：	：	：	：	：		
15( )	：	：	：	：	：	：	：		
16( )	：	：	：	：	：	：	：		
17( )	：	：	：	：	：	：	：		
18( )	：	：	：	：	：	：	：		
19( )	：	：	：	：	：	：	：		
20( )	：	：	：	：	：	：	：		
21( )	：	：	：	：	：	：	：		
22( )	：	：	：	：	：	：	：		
23( )	：	：	：	：	：	：	：		
24( )	：	：	：	：	：	：	：		
25( )	：	：	：	：	：	：	：		
26( )	：	：	：	：	：	：	：		
27( )	：	：	：	：	：	：	：		
28( )	：	：	：	：	：	：	：		
29( )	：	：	：	：	：	：	：		
30( )	：	：	：	：	：	：	：		
31( )	：	：	：	：	：	：	：		
	合計		：	：	：	：	：		

所定日数	出勤日数	欠勤日数	有給取得日数	休日出勤日数	特別休暇日数	遅早回数

時間外労働時間	深夜労働時間	休日労働時間	備考
：	：	：	

総務	所属長	本人